传感与测试技术

李　滨　谷志新　刘晓义　王妍玮　主编

科学出版社

北京

内 容 简 介

本书以测试系统所完成的测试过程为主线，前 3 章着重介绍测试系统的基本知识、信号描述及分析、测试系统及特性，后 4 章以工程应用为主，主要包括常用传感器、信号的中间变换及分析、位移的测量、现代测试技术。本书具有严谨、丰富、系统的多专业技术内容，文字简练、条理清晰，通过列举实例，避免了繁杂的数学推导，便于教师教学和学生自学。

本书可作为高等院校机械类、仪器仪表类、电子信息类等相关专业的教材，也可供从事测试技术工作的工程技术人员参考。

图书在版编目(CIP)数据

传感与测试技术 / 李滨等主编. —北京：科学出版社，2024.11
ISBN 978-7-03-070116-9

Ⅰ. ①传… Ⅱ. ①李… Ⅲ. ①传感器－测试技术 Ⅳ. ①TP212.06

中国版本图书馆 CIP 数据核字(2021) 第 216741 号

责任编辑：姜 红 韩海童 / 责任校对：韩 杨
责任印制：赵 博 / 封面设计：无极书装

科学出版社 出版
北京东黄城根北街 16 号
邮政编码：100717
http://www.sciencep.com

保定市中画美凯印刷有限公司印刷
科学出版社发行 各地新华书店经销
*
2024 年 11 月第 一 版 开本：787×1092 1/16
2024 年 11 月第一次印刷 印张：11 3/4
字数：279 000

定价：58.00 元
(如有印装质量问题，我社负责调换)

前　　言

"传感与测试技术"是机械类宽口径专业本科生的一门专业基础课，主要介绍机械工程领域中的非电量测试技术，侧重于动态信号测试。测试技术是获取信息、分析和处理测量数据的关键技术与手段，是从事科学研究、产品质量检验与控制不可缺少的工具。在信息化、网络化的进程中，首先要解决的问题就是要获取准确可靠的信息，而传感器是获取自然和生产领域中信息的主要途径。在自动化生产过程中，传感器是实现自动检测与控制的重要组成部分，用来监测和控制生产过程中的各个参数。传感器广泛应用于工业控制、环境保护、医学诊断、生物工程等各个领域。传感器具有微型化、数字化、智能化、多功能化、系统化、网络化等特点。

在教材内容的选取上，本书注重拓宽基础知识面，强化机械工程背景，培养学生的创新能力和工程实践能力。本书既有经典的基本理论，又介绍传感与测试技术的新进展、新知识和发展趋势。本书介绍了测试系统中的信号调制与数据采集、数字信号处理基础及典型测试系统的特性等，同时还介绍了测试系统中最常用的传感器的基本原理、结构、特征和性能，以及传感器的典型应用和选用原则等。

全书共 7 章。前 3 章为传感与测试技术的基础理论和基本知识，主要包括绪论、信号描述及分析、测试系统及特性。后 4 章以工程应用为主，按照传感器的工作原理分章介绍测试技术中常用的各类传感器的工作原理、结构形式、工程设计方法等基本知识，包括常用传感器、信号的中间变换及分析、位移的测量和现代测试技术。

本书由东北林业大学李滨副教授、谷志新副教授、刘晓义讲师及黑龙江科技大学王妍玮教授主编。其中，李滨编写了第 1 章 1.1 节～1.5 节、第 2 章和第 3 章；谷志新编写了第 4 章、第 6 章和第 7 章 7.2 节、7.3 节、7.5 节；刘晓义编写了第 5 章、第 7 章 7.1 节和 7.4 节；王妍玮编写了第 1 章 1.6 节。在编写过程中，研究生郭宇、朱传庆、裴方睿做了大量的整理工作，在此表示感谢。

在编写过程中，编者参阅了大量文献，从中受益匪浅，相关文献已列入文后参考文献中，在此特向文献作者致谢。

由于编者水平有限，书中难免会有不当之处，恳请读者批评指正。

编　者

2024 年 2 月

目　　录

第1章 绪 论

本章从整体上对测试技术进行介绍，由点到面，首先通过测试系统中最基础的误差进行导入，结合机械系统教学特点，分析系统的相似系统，在此基础上对测试系统和控制系统进行对比，引出测试系统的特点，并对常用的动态测试进行分析。

通过对本章内容的学习，学生能够了解测量误差的种类和特点，理解系统的相似性和机电模拟，能对测试系统中常用的测试方法进行区分，掌握动态测试分析系统的性能指标。

1.1 概 述

随着信息化的发展，测试技术也在不断发展，并已成为信息技术的一个重要分支，但它与常规的测量和计量又有所不同。测量通常是指以确定被测对象"量值"为目的的试验过程，计量是实现单位统一和量值准确的测量。而测试是测量和试验（measurement and test）的综合，具有测量和试验两方面的含义，是指具有试验性质的测量。

宏观地说，测试是人们从客观事物中提取所需信息，借以认识客观事物，并掌握其客观规律的一种科学方法。

1.1.1 测试技术的研究意义

测试技术是人们探索、认识事物不可缺少的技术手段，是科学研究的基本方法。人类早期在从事生产活动时，就已经对长度、面积、重量和时间进行测量。我国早在汉代就有象牙尺使用记录，到秦朝已统一了度量衡。伽利略曾主张根据观测和试验对自然界的现象和运动规律进行定量描述。从某种意义上讲，没有测试就没有科学。

近代科学技术的发展更是如此，现代新的科学发现、技术发明及其发展均以精确测试为基础和前提。因此，在测试过程中借助专门的仪器设备、通过试验和运算，可获得研究对象的有关信息。

人们在生产实践和科学研究中，不断探索和揭示客观世界规律的方法主要有两种：一是理论分析，二是试验测量。用理论分析得出的结果，除了一些纯数学问题外，往往要靠试验研究去定量地验证其正确性和可靠程度。还有许多理论分析是建立在大量观测或试验得出的数据基础上的。特别是在工程设计和生产技术的研究中所涉及的对象往往十分复杂，有些问题还难以进行完整的理论分析和计算。例如，对工程结构或机械零件进行最基本的强度计算，就依赖于材料性能的试验数据。此外，产品开发、质量控制、生产管理等都离不开测试技术。

测试技术已经广泛应用于科学研究、工农业生产、国防军事、医疗卫生、环境保护和日常生活等各个方面。使用先进的测试技术是经济高度发达和科技现代化的重要标志之一。

在测试过程中，需要选用专门的仪器设备、设计合理的试验方法和进行必要的数据处理，从而获得被测对象有关信息及其量值。广义来看，测试属于信息科学的范畴。一般说来，信息的载体称为信号，信息蕴涵于信号之中。信息是通过某些物理量的形式来表现的，而这些物理量的形式就是信号。例如，单自由度质量弹簧系统的动态特性可以通过质量块的位移-时间关系来描述，质量块位移的时间历程就是信号，它包含着该系统的固有频率和阻尼率等特征参数，这些特征参数就是所需要的信息。分析采集到的这些信息，就掌握了这一系统的动态特性。

随着机电一体化和生产过程自动化的发展，先进的测试与信号分析设备已成为生产系统不可缺少的组成部分。测试与信号分析技术在生产过程和机构运行中起着类似人类感觉器官的作用。测试与信号分析技术在宇航测试系统、木材干燥系统、生产过程控制系统、产品质量测控系统等起着重要作用。同时，测试与信号分析技术也为新产品设计、开发提供基础数据。

1.1.2 测试技术的研究内容

（1）测试的目的：获取对象的状态、运动规律及有关特征、属性等。

（2）测试技术研究内容：①探求和确定最优"信息-信号"匹配关系；②确定最优信号的获取、变换、存储、传输、处理、显示和记录的方法、手段及仪器设备。

根据信号的物理性质，可以将其分为非电信号和电信号。例如，随时间变化的力、位移、速度、加速度、温度等属于非电信号；而随时间变化的电流、电压则属于电信号。这两者可以借助于换能器装置相互转换。在测试过程中，常常将被测的非电信号通过相应的传感器变换成电信号，以便于传输、调制（放大、滤波）、分析处理和显示记录等。

被测信号中既包含需要研究的有用信息，但也不同程度地混入了无用信息（例如噪声信号等），各种电磁测试线路和测试装置在不同的环境下工作，不可避免地会受到噪声的干扰。噪声对被测信号所产生的影响，最终将以误差的形式表现出来，导致测试的精确度降低，甚至难以正常进行测试工作。因此，如何在有噪声背景的情况下提取有用信息，是测试工作者的重要任务之一。

具体到机械工程中，例如一部机器或机构，从设计、制造、运行、维修到最终报废，都与机械测试密不可分。现代机械设备的动态分析设计、过程检测控制、产品的质量检验、设备现代化管理、工况监测和故障诊断等，都离不开机械测试，都要依靠机械测试。机械测试是实现这些过程的技术基础，同时也是进行科学探索、科学发现和技术发明的技术手段。

从机械结构动力学分析的角度看，测试技术的任务又可归结为研究系统的输入（激励）、输出（响应）以及系统的特性（传递函数）和它们三者之间的相互关系：

（1）已知激励、响应，求系统的特性（传递函数），用以验证系统特性的数学模型。在工程模型试验方面，可进行产品的动态设计、结构参数设计和模型特征参数的研究等。

（2）已知系统的特性（传递函数）和响应，求激励，用以研究载荷或载荷谱。某些工程系统（如火箭、车辆、井下钻具等）的载荷（如阻力、风浪等）很难直接测得，设计这些系统时往往凭经验和假设，因此误差较大。采用参数识别的方法能准确地求得载荷。为此目的组成的测试系统称为载荷识别系统，它为产品的优化设计提供了依据。

（3）由已知的测试系统对被测系统的响应进行测量分析。被测量可以是电量，也可以是非电量。该系统的功用是测量响应的大小、频率结构和能量分布等，也可用于计量、系统监测以及故障诊断等。

当系统响应超过其特定输出时，控制装置的功能将调整被测系统的参数，使响应发生相应的改变，从而使系统工作在最佳响应状态或使系统按规定的指令工作。

随着科学技术水平的不断提高和生产技术的高速发展，机械工程测试技术也不断向前发展，从卡式仪器、总线仪器发展至集成仪器，后来又出现了虚拟仪器和集成虚拟仪器库，这些技术使得测试领域的技术手段越来越丰富。此外，测试系统的体系结构、测试软件、人工智能测试技术等也有很大的发展。仪器与计算机技术的深层次结合产生了全新的测试仪器的概念和结构。近年来，计算机技术在现代测试系统中的地位显得越来越重要，软件技术已成为现代测试系统的重要组成部分。当然，计算机软件不可能完全取代测试系统的硬件。因此，现代测试技术不仅要求测试的人员具备良好的计算机技术基础，而且要求深入掌握测试技术的基本理论和方法。

在现代测试技术中，通用集成仪器平台的构成技术、数据采集、数字信号分析处理技术是决定现代测试仪器系统性能与功能的三大关键技术。以软件化的虚拟仪器和虚拟仪器库为代表的现代测试仪器系统与传统测试仪器系统相比较，最大优点就在于用户可在集成仪器平台上按自己的要求开发相应的应用软件，构成自己所需要的实用仪器和实用测试系统，其仪器和系统的功能不局限于厂家的束缚。特别是当测试仪器系统进一步实现了网络化以后，仪器资源将得到很大的延伸，其性价比将获得更大的提高，机械工程测试领域将出现更加蓬勃发展的新局面。

1.2　测　量　方　法

本书测试的主要对象有机械系统（包括各种机械零件、机构、部件和整机）及其相关组成部分（包括与机械系统有关的电路、电器等）。

测试过程包括测量、试验、计量、检验、故障诊断、测控等过程。

测量的两个基本任务：一是提供被测对象（如产品）的质量依据；二是提供机械工程设计信息、制造控制信息、研究开发信息等。

设计、工艺、测试三者共同构成了机械工程的三大技术支柱。测试技术主要包括测量原理、测量方法、测试系统和数据处理。

测量的最基本形式是比较，即将待测的未知量和预定的标准作比较。由测量所得到的被测对象的量值表示为数值和计量单位的乘积。

测量方法的正确与否十分重要，它关系到测量结果是否可靠以及测量工作能否正常进行。所以，必须根据不同的测量任务和要求确定合适的测量方法，并据此选择合适的测试装置，组成测试系统，进行实际测试。如果测量方法不合理，即使有优良的仪器设备，也不能得到满意的测量结果。测量方法有多种，本节主要介绍以下三种分类方法。

1. 静态测量和动态测量

静态测量是指测量那些不随时间变化或变化很缓慢的物理量，如水温恒温测量、水位高度测量等；动态测量是指测量那些随时间迅速变化的物理量，如水温从 15℃ 加热到 30℃ 的过程中温度值的测量。

静态与动态是相对的。一切事物都是发展变化的，也可以把静态测量看作动态测量的一种特殊形式。动态测量的误差分析比静态测量更复杂。

2. 直接测量、间接测量和组合测量

直接测量是用预先标定好的测量仪表，对某一未知量直接进行测量，从而得到测量结果，无须经过函数关系的计算，直接通过测量仪器得到被测量值的测量。例如，用水银温度计测量温度；用压力表测量压力；用万用表测量电压、电流、电阻等。

直接测量可分为直接比较和间接比较两种。直接测量的优点是简单而迅速，所以在工程上被广泛应用。直接把被测物理量和标准作比较的测量方法称为直接比较。例如，用米尺测量物体长度或者测量导体的电阻。间接比较是利用仪器仪表把原始形态的待测物理量的变化变换成与之保持已知函数关系的另一种物理量的变化，并以人的感官所能接受的形式，在测量系统的输出端显示出来。例如，水银温度计测体温或者弹簧测力都属于间接比较。

间接测量是对几个与被测物理量有确切函数关系的物理量进行直接测量，然后把所测得的数据代入关系式中进行计算，从而求出被测物理量。间接测量是在直接测量的基础上，根据已知的函数关系，计算出所要测量的物理量大小。间接测量方法比较复杂，一般在直接测量很不方便实行时，或用间接测量比用直接测量能获得更准确的结果时，才采用间接测量。例如，在 $y=f(x_1,x_2,x_3)$ 中，欲测量 y，应先测量 x_1, x_2, x_3。一般，尽可能地不采用间接测量，因为它的准确度往往不如直接测量高，但有时所要测的物理量本身就是根据数学关系定义的，没有比较的标准可供使用（如冲量、马赫数等），或者没有能够探测所要测量的物理量的仪器，在这些场合，就不得不采用间接测量了。

组合测量是在测量中使各个未知量以不同的组合形式出现，根据直接测量和间接测量所得数据，通过解联立方程组求出未知量的数值。

例如，在 0～630℃ 范围内，铂热电阻温度计的电阻值与温度的关系为

$$R_t = R_0(1 + A_t + B_t) \tag{1-1}$$

式中，R_t——温度为 t 时的铂电阻值，Ω；

R_0——0℃ 时的铂电阻值，Ω；

A_t、B_t——铂电阻的温度系数。

为了确定铂电阻的温度系数，首先需要测量三种不同温度下的电阻值 R_{t1}、R_{t2}、R_{t3}，然后再解联立方程组，求 A_t、B_t 和 R_0 的值。组合测量比较复杂，但却易达到较高的精确度，一

般适于科学试验和特殊场合。组合测量实质是间接测量的推广，其目的就是在不提高计量仪器准确度的情况下，提高被测量值的准确度。

3. 接触式测量和非接触式测量

根据传感器与被测物体是否接触可将测量分为接触式测量和非接触式测量。接触式测量中传感器与被测对象直接接触，如操作不当，会造成被测对象损坏的现象。非接触式测量是在不接触被测物体的前提下进行测量，这种测量方法的测量精确度高。非接触式测量是利用电荷耦合元件（charge coupled device，CCD）采集变焦镜下样品的影像，再配合 x 轴、y 轴、z 轴移动平台及自动变焦镜，运用影像分析原理，通过计算机处理影像信号，对科研生产零件进行精密的几何数据的测量，并可进行过程能力指数的数值分析。非接触式测量是无损检测的基础，也是未来检测技术的发展方向。

传感器是将被测量按一定规律转换成便于应用的某种物理量的装置。能够利用传感器进行转换的被测量很多，如各种物理量、化学量、生物量等。常见的机械量也就是机械参数有以下几类：力学参数，包括拉力、荷重、压力、应力、扭矩等；运动参数，包括位移、速度、加速度等；振动参数，包括各类振动的特征参数、系统的振型及动态响应特性。工程中其他有关的物理量有温度、湿度、流体的流量等。

传感器的输出有机械量、光学量和电量等。传统的机械式仪表往往将力和温度等变换为弹性元件本身的弹性变形，这种变形经机械机构放大、传递后成为仪表指针的偏转或移动，借助刻度盘指示出被测量的大小。这类仪表由于结构简单、使用方便、价格低廉、读数直观，目前应用仍然相当广泛。可是，这种机械式仪表必须在现场观测，而且由于机械机构的惯性大，一般只能用于检测静态量或缓慢变化的被测量，不能满足生产和科学技术发展的需要。因此，在现代测试系统中，愈来愈多的应用利用传感器把被测非电量变换为电量，然后进行测量，称为非电量电测法。由于电量更便于传输、转换、处理和显示，非电量电测法获得了广泛的应用。

非电量电测法有以下优点：

（1）能连续测量、自动记录，便于通过反馈去自动控制和调整生产过程。

（2）通过电量放大器很容易将被测量放大很多倍，可测极其微小的量。

（3）既可测静态量也可测动态量，还可测瞬态量。

（4）可以有线或无线实现远距离遥测。

（5）可利用计算机进行自动测试以及分析和处理测试数据。

非电量电测系统按照信息流的流动过程来划分，一般可分为信息的获得、转换、处理和显示记录等几部分。

1.3 测 量 误 差

1.3.1 误差的定义

误差存在于一切科学试验之中，在几何量、机械量及其他物理量的一切静态测量与动态测量中都不可避免地会产生测量误差。测量误差的存在使我们不能直接得到被测量的真实值，有时甚至严重偏离和歪曲测量结果，从而掩盖了被观测事物的客观性。在科技迅速发展的当今社会，人们对产品的精确度要求越来越高，对测量技术的精确度寄予更高的期望。因而研究测量误差，了解它的特性，熟悉相应的处理原则，才能有效地减少和消除测量误差的影响，经济地提高测量技术水平，设计出一系列高精确度、智能化、自动化的测试系统，更好地为科研和生产服务。

被测物理量所具有的客观存在的量值，称为真值 x_0。由测试装置测得的结果称为测量值 x。测量值与真值之差称为误差。

误差的表达形式一般有绝对误差和相对误差两种。

（1）绝对误差。绝对误差一般为测量值与真值之差 Δx，它表示误差的大小。

$$\Delta x = x - x_0 \tag{1-2}$$

真值是一个理想概念，一般是不知道的。在实际测量中，常用高精确度的量值代表真值，称为"约定真值"。被测量的真值是指一个量在观测条件下严格定义的真实值，可以用理论真值、计量学约定真值或相对真值来表示。例如，一圆周角度为 360°，三角形三内角和为 180°，即为理论真值。国际计量委员会（International Committee of Weights and Measures，CIPM）定义的 7 个基准量和 43 个导出量，是国际公认的标准量，就是计量学约定真值。在相对测量中，一等量块的中心长度经检定后的值，可以作为二等量块中心长度检定时的相对真值看待。

（2）相对误差。绝对误差与被测量的真值之比称为相对误差，一般用百分比（%）表示。因测量值与真值接近，所以也可近似用绝对误差与测量值之比作为相对误差 δ。

$$\delta = \frac{\Delta x}{x_0} \approx \frac{\Delta x}{x} \tag{1-3}$$

绝对误差只能表示出误差量值的大小，而不便于比较测量结果的精确度。例如，有两个温度测量结果(15±1)℃和(100±1)℃，尽管它们的绝对误差都是±1℃，显然后者的精确度高于前者。

为了方便，还常常使用"引用误差"的概念。引用误差是一种简化和方便实用的相对误差。它是以测量仪表某一刻度点的误差为分子，满刻度值为分母所得的比值，即

$$引用误差 = \frac{某一刻度点的误差}{满刻度值} \tag{1-4}$$

我国常用的电工、热工仪表就是按引用误差之值进行精确度分级的。在选择仪表时要兼顾仪表的精确度等级和测量上限两个方面。

一般来说，用绝对误差可以评价相同被测量测量精确度的高低，相对误差可用于评价不同被测量测量精确度的高低。为了减少仪器仪表引用误差，一般应在满量程 2/3 范围内进行测量。

例如，用两种方法测得工件 L_1=100mm 的误差分别为 δ_1=±0.01mm 和 δ_2= ±0.02mm，从绝对误差看，显然第一种方法精确度较高。但若用第三种方法测得 L_2=180mm 时的误差为 δ_3=±0.02mm，从绝对误差上不好判定精确度的高低，因为 L_2 与 L_1 是不同被测量，此时三者的相对误差为

$$\frac{\delta_1}{L_1} = \pm\frac{0.01}{100}\times100\% = \pm0.01\%$$

$$\frac{\delta_2}{L_1} = \pm\frac{0.02}{100}\times100\% = \pm0.02\%$$

$$\frac{\delta_3}{L_1} = \pm\frac{0.02}{180}\times100\% = \pm0.011\%$$

可见第一种方法精确度最高，第三种居第二，第二种最低。

1.3.2 误差的分类

根据误差的特征，可将误差分为系统误差、随机误差和粗大误差三类。

（1）系统误差指在同一条件下，多次测量同一量值时，绝对值和符号保持不变或在条件改变时按一定规律变化的误差。例如，由于标准量值的不准确、仪器刻度的不准确而引起的误差。

因为系统误差有规律性，所以应尽可能通过分析和试验的方法加以消除，或通过引入修正值的方法加以修正。

（2）随机误差指在相同条件下，多次测量同一量值时，绝对值和符号以不可预定的方式变化的误差。例如，仪表中传动部件的间隙和摩擦、连接件的变形等因素引起的误差。

虽然一次测量产生的随机误差没有确定的规律，但是通过大量的测量发现，在多次重复测量的总体上，随机误差服从一定的统计规律，最常见的就是正态分布规律。这种规律之一表现在随着测量次数的增多，绝对值相等、符号相反的随机误差出现的次数趋于相等。这样，各次测量的随机误差的总和正负抵偿，特别是当测量次数趋于无穷时其总体平均趋于零。这一性质称为随机误差的抵偿性，它是随机误差最重要的统计特性。

应当指出，在任何一次测量中，系统误差和随机误差一般都是同时存在的，而且它们之间并不存在严格界限，在一定的条件下还可以相互转化。例如，仪表的分度误差对制造者来说具有随机的性质，为随机误差，而对检定部门来说就转化为系统误差了。随着人们对误差来源及其变化规律认识的深入和测试技术的发展，对系统误差与随机误差的区分会越来越明确。

（3）粗大误差主要是由于测量人员的粗心大意、操作错误、记录和运算错误或外界条件的突然变化等原因产生的。粗大误差的产生使测量结果有明显的歪曲，凡经证实含有粗大误差的数据应从试验数据中剔除。

上面三类误差对测量值的影响各不相同，系统误差往往数值较大，隐含在测量中又不易被发现，它使测量值偏离真值，故系统误差比随机误差影响更为严重。随机误差反映了测量结果的分散情况，由于它主要是测量时各种随机因素综合影响的结果，一般能借助概率与数理统计的各种分布函数进行处理并估计其大小。但由于系统误差形式多样，出现原因各异，一般是借助各种物理判别与统计判别方法，查找出系统误差是否存在于测量之中，然后用一定措施将其减少或消除。粗大误差明显歪曲测量结果，一般是借助各种统计判别方法，将含有粗大误差的坏值予以剔除。但必须注意，三类误差的划分是相对的，在一定条件下，它们可以互相转化。某些条件下的系统误差（例如未定系统误差），在其误差范围内是变化的，其值大小有一定随机性，因而可以视其为随机误差处理；度盘刻线误差一经刻定，属于系统误差，且每条刻线误差较小，但在一整周内各条刻线误差时大、时小、时正、时负，亦可视其为随机误差进行处理。这就形成了误差处理与分析的复杂性。但是，只要把握住各类误差的本质特性，以科学严谨的要求设计各种测量系统和测量方法，从误差的产生根源上消除或减少误差，就可以有效地提高测量精确度。

1.4 系统的相似性和机电模拟

为了测量位移、速度、加速度、力、转速等机械量，常常采用能把机械量变换为电量的机电变换装置。这不仅需要研究"机"和"电"两个方面的有关问题，而且还要从机电耦合的角度去研究。即不仅要研究机电变换装置机械系统的输入特性和电系统的输出特性，而且还要研究"机"和"电"之间的变换特性。

建立机械系统和电系统之间的相似性，对于处理机电系统中的技术问题很有必要。

1. 相似系统

能用同一数学模型描述的不同物理系统称为相似系统。例如，一个由电阻、电容、电感组成的电系统和一个由阻尼器、质量块和弹簧组成的机械系统，尽管两者物理结构不同，但如果具有相同的数学模型，就称为相似系统。

在研究机械系统时，可以充分利用相似特性进行机电模拟，这样将带来很多方便。因为一般说来，对电系统的研究方法，特别是动态特性的研究方法比较成熟、简便。

2. 变量的分类

为了区分变量的物理属性，通常把变量分为机械量、电学量、声学量、光学量和热学量等等，但由这种分类方法看不出不同种类的物理量所表现出来的共同特性。为了研究机电模拟，有必要根据变量的相似特性进行分类。变量的分类如表 1-1 所示。

表 1-1 变量的分类

系统	变量			
	通过变量		跨越变量	
	状态变量	速率变量	状态变量	速率变量
基本关系	y	$\dot{y} = \dfrac{\mathrm{d}y}{\mathrm{d}t}$	x	$\dot{x} = \dfrac{\mathrm{d}x}{\mathrm{d}t}$
平移	动量 p	力 f	位移 x	速度 $v = \dfrac{\mathrm{d}x}{\mathrm{d}t}$
转动	角动量 p_1	转矩 M	角位移 θ	角速度 $\omega = \dfrac{\mathrm{d}\theta}{\mathrm{d}t}$
电学	电荷 Q	电流 $i = \dfrac{\mathrm{d}Q}{\mathrm{d}t}$	磁链 ψ	电势 $e = \dfrac{\mathrm{d}\psi}{\mathrm{d}t}$

由空间或"路"上的一个点来确定的变量称为通过变量，例如，力、电流等。必须由

空间或"路"上的两个点来确定的变量称为跨越变量,例如,电压、位移等。一般把这两个点中的一个点作为基准点或参考点。

状态变量与时间无关,例如,位移、电荷等均与时间无关。速率变量是指用状态变量对时间的变化率表示的变量,例如,速度是位移对时间的变化率,电流是电荷对时间的变化率。

通过以上分类方法,可以很明显地表示出机械系统和电系统各变量之间的相似特性:

(1)通过变量的速率变量遵循广义的基尔霍夫第一定律,即一个作用点上通过变量的速率变量总和等于零。例如,流入任一节点的电流之和等于零,即 $\sum i = 0$;作用于任一质点上的主动力和惯性力之和等于零,即 $\sum f = 0$。

(2)跨越变量的速率变量遵循广义的基尔霍夫第二定律,即绕闭合回路的和等于零。例如,闭合回路的电压降之和等于零;闭合路径上诸点顺次形成的相对速度之和等于零。

3. 机电模拟

线性机械系统与线性电系统相对应的模拟方案可有多种。目前经常采用的是"力-电压"模拟和"力-电流"模拟。如图 1-1 所示的机械系统也可用如图 1-2 所示的电系统来模拟。

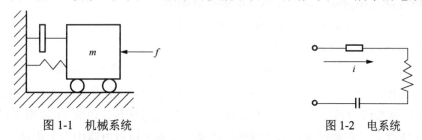

图 1-1 机械系统   图 1-2 电系统

图 1-1 所示的机械系统和图 1-2 所示的电系统的微分方程分别为

$$m\frac{\mathrm{d}v}{\mathrm{d}t} + cv + k\int v\mathrm{d}t = f \tag{1-5}$$

$$L\frac{\mathrm{d}i}{\mathrm{d}t} + Ri + \frac{1}{C}\int i\mathrm{d}t = u \tag{1-6}$$

式中,m——质量块的质量,kg;

c——阻尼系数;

k——弹簧刚度;

v——质量块的运动速度,m/s;

f——激励力,N;

L——电感,H;

R——电阻,Ω;

C——电容,F;

i——电流,A;

u——电压,V。

比较式（1-5）和式（1-6）很容易发现两者类型相同。这说明两个系统的物理性质虽然不同，但它们具有相同的数学模型，其运动规律相似，很容易找出机电相似系统中的对应项来，如表 1-2 所示。

表 1-2　力-电压模拟

机械系统	电系统
力 f	电压 u
速度 v	电流 i
位移 x	电荷 Q
质量 m	电感 L
阻尼系数 c	电阻 R
弹性系数 $\dfrac{1}{k}$	电容 C

因为这种模拟方法是以机械系统的力和电系统的电压相似为基础，所以称为力-电压模拟。在这种模拟方法中，列出微分方程的条件是机械系统一个质点上的合力为零、电系统闭合回路的电压降之和为零。这种模拟方法的特点如下。

（1）机械系统的一个质点用一个串联电回路模拟。

（2）机械系统质点上的力用串联回路上的电压模拟。

与机械系统一个质点连接的各机械元件（质量、阻尼、弹簧）用串联电回路的各电气元件（电感、电阻、电容）模拟。上面的分析表明，力-电压模拟是用电系统的跨越变量（电压 u）模拟了机械系统的通过变量（力 f），用电系统的通过变量（电流 i）模拟了机械系统的跨越变量（速度 v）。在测试时，为了得到速度值，需要在模拟电路中串入电流表测电流，这给模拟试验带来不便。当采用力-电流模拟时，可克服这一缺点。不过机械系统常以力激励，而电系统常以电压激励，所以力-电压模拟经常被采用。

1.5　测　试　系　统

在非电量电测技术和机电控制技术中，经常遇到机械量和电量的相互变换问题，即一个机电系统可以输入机械量、输出电量，也可以输入电量、输出机械量。多数机电变换装置都具有这种可逆的特性。例如，磁电式传感器、压电式传感器等。这种可逆的特性称作机电系统的双向性。系统的双向性不仅可以把机械和电气联系起来，而且可以把测试与控制联系起来。下面从几个方面对测试系统与控制系统进行比较。

1.5.1　测试系统的组成

通常的工程测试问题总是处理输入量 $x(t)$、输出量 $y(t)$ 和系统本身的特性 $h(t)$ 三者之间的关系，如图 1-3 所示。

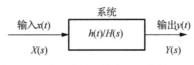

图 1-3 系统输入输出框图

图 1-3 表示了系统中各个变量之间的关系。总的来说，工程上经常把三者关系分为以下三类：

（1）已知系统特性和输出量，求输入量。

（2）已知系统特性和输入量，求输出量。

（3）已知输入量和输出量，求系统特性。

一般说来，问题 1 属于测试问题，问题 2 属于控制问题，问题 3 属于系统辨识问题。但在实际工作中，三者又密不可分，在测试工作中都会遇到。例如，问题 3 是求测试系统本身的特性，常常是测试装置的定度问题。定度问题又是属于测试技术范畴。此外，测试与控制也是密不可分的。

1.5.2 开环测试系统和闭环测试系统

常用的测试仪器一般是由传感器、测量电路、输出电路和记录显示装置组成的开环测试系统，每一个组成部分又往往分为若干组成环节，从而整个仪器的相对误差为各个环节相对误差之和，并且每一个环节的动态特性都直接影响整个仪器的动态特性。为了保证整个测试系统的动态特性和精确度，往往要对每一个组成环节都提出严格的技术要求，而且环节越多，对每一个环节的要求越严格，这会使整个仪器制造困难、价格昂贵。

随着科学技术的发展，控制工程的理论和方法在测试技术中得到越来越广泛的应用。例如，根据反馈控制原理，将开环测试系统接成闭环测试系统，提高开环增益、加深负反馈的同时，可大大改善测试系统的动态特性，提高精确度和稳定性。

1.5.3 反馈控制系统和反馈测试系统

图 1-4 为反馈控制系统和反馈测试系统，从工作原理来讲两者是相同的。不同的是前者的目的是使输出量（被测量）精确地受输入量（控制量）的控制，而后者的目的是希望输入量（被测量）能准确地用输出量（测量值）显示出来或记录下来。此外，反馈测试系统中的被测量的反馈量通常是非电量，测得量一般是电量，反馈装置为逆传感器。当然，这是对非电量电测技术而言。一般说来，测试系统比控制系统所需功率小。

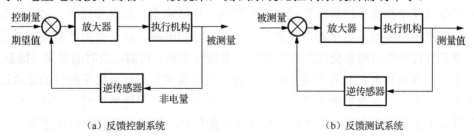

（a）反馈控制系统   （b）反馈测试系统

图 1-4 反馈控制系统与反馈测试系统

1.5.4　测试系统和测试过程

广义地说，一个测试系统应具有以下的功能，即将被测对象置于预定状态下，并对被测对象所输出的特征信息进行拾取、变换放大、分析处理、判断、记录显示，最终获得测试目的所需要的信息。

一个测试系统一般由试验装置、测量装置、数据处理装置和显示记录装置等所组成。测试是通过对研究对象进行具有试验性质的测量以获取研究对象有关信息的认识过程。要实现这一认识过程，通常需要用试验装置使被测对象处于某种预定的状态下，将被测对象的内在联系充分地暴露出来以便进行有效的测量。然后，拾取被测对象所输出的特征信号，使其通过传感器被感受并转换成电信号，再经后续仪器进行变换、放大、运算等使之成为易于处理和记录的信号，这些变换器件和仪器总称为测量装置。经测量装置输出的信号需要进一步进行数据处理，以排除干扰、估计数据的可靠性以及抽取信号中各种特征信息等，最后将测试、分析处理的结果记录或显示，得到所需要的信息。

1. 试验装置

试验装置是使被测对象处于预定的状态下，并将其有关方面的内在联系充分显露出来，以便进行有效测量的一种专门装置。测定结构的动力学参数时，所使用的激振系统就是一种试验装置。激振系统由虚拟仪器中的信号发生器（也可以是单独的信号源）、功率放大器、激振器等组成。信号发生器提供频率在一定范围内可变的正弦信号，经功率放大后，驱动激振器，激振器便产生与信号发生器频率一致的交变激振力，此力作用于被测构件上，使构件处于该频率激振下的强迫振动状态。为保证试验进行所需的各种机械结构也属于试验装置。

2. 测量装置

测量装置是把被测量（如激振力和振动所产生的位移）通过传感器变换成电信号，经过后接仪器的变换、放大、运算，变成易于处理和记录的信号。被测的机械参量经过传感器变换成相应的电信号，然后再输入到后接仪器进行放大、运算等，变换成易于处理和记录的信号形式。所以，测量装置是根据不同的机械参量，选用不同的传感器和相应的后接仪器所组成的测试系统的重要环节。不同的传感器要求的后接仪器也不相同。

传感器是整个测试系统实现测试与自动控制（包括遥感、遥测和遥控）的关键组成部分，它的作用是将被测非电量转换成便于放大、记录的电量。在工业生产的自控过程中，几乎全靠各种传感器对瞬息变化的众多参数信息进行准确、可靠、及时的采集（捕获），以达到对生产过程按预定工艺要求进行随时监控，使设备和生产系统处于最佳的正常运转状态，从而保证生产的高效率和高质量。因此，在国内外人们对传感器的重要作用已有充分认识，投入了大量的人力与物力来研究与开发性能优良、测试原理新颖的传感器。

传感器是整个测试系统中采集信息的重要部件，所以有时称传感器为测试系统的一次仪表，其余部分为二次仪表或三次仪表。作为一次仪表的传感器往往又由两个基本环节组成，如图 1-5 所示。

图 1-5 传感器的组成

1）敏感元件（或称预变换器，也统称弹性敏感元件）

非电量变换到电量时，有时需利用弹性敏感元件，先将被测非电量预先变换为另一种易于变换成电量的非电量（例如应变或位移），然后再利用传感元件，将这种非电量变换成电量。弹性敏感元件是传感器的核心部分，在电测技术中占有极为重要的地位。当承受外力作用时，它会产生弹性变形；当去除外力后，弹性变形消失并能完全恢复其原来的尺寸和形状。

2）传感元件

凡是能将感受到的非电量（如力、压力、温度梯度等）直接变换为电量的器件称为传感元件（或称变换元件）。例如应变计、压电晶体、压磁式器件、光敏元件及热电偶等。传感元件是利用各种物理效应或化学效应等原理制成的。因此，新的物理或化学效应被发现并应用到测试技术中，则将使传感元件的品种日趋丰富，性能更加优良。但应指出，并不是所有的传感器都包括敏感元件和传感元件两部分。有时在机-电量变换过程中，不需要进行预变换这一步，例如热敏电阻、光电器件等。另外一些传感器中，敏感元件与传感元件合二为一，如固态压阻式压力传感器等。

3. 数据处理装置

数据处理装置是将测量装置输出的信号进一步进行处理，以排除干扰和噪声污染，并清楚地估计测量数据的可靠程度。虚拟仪器中的信号分析仪就是一台数据处理装置，它可以对被测对象的输入（力信号）与输出（构件的振动位移信号）进行相关的分析运算，得到这两个信号中不同频率成分的振动位移和激振力幅值之比及其相位差，并能有效地排除混杂在信号中的干扰信息（噪声），提高所获得信号（或数据）的置信度。

4. 显示记录装置

显示记录装置是测试系统的输出环节，它可将对被测对象所测得的有用信号（电压或电流信号）及其变化过程不失真地显示或记录（或存储）下来，数据显示可以用各种表盘、电子示波器和显示屏等来实现。数据记录若按记录方式可分为模拟式记录器和数字式记录器两大类。模拟式记录器记录的是一条或一组曲线。例如，自动平衡式记录仪、笔录仪、X-Y 记录仪、模拟数据磁带记录器、电子示波器-照相系统、机械扫描示波器、记忆示波器以及带有扫描变换器的波形记录器等。数字式记录器记录的是一组数字或代码。例如，穿孔机、数字打印机、瞬态波形记录器等。而在现代测试工作中，越来越多的是采用虚拟仪器直接记录存储在硬盘或移动存储设备上。

1.6　动态测试的特点

动态测试发展越来越快，相应地给传统的测量学科带来了一系列观念、研究方法和技术手段等方面的发展和更新。

首先是观念上的变化。虽然测试的任务都是以测试系统的输出去估计被测物理量（即测试系统的输入），但在静态测试中，测试系统的输入与输出是数值上的对应关系，而在动态测试中，测试系统的输入与输出则是信号上的对应关系。因为动态测试是测量物理量随时间变化的过程，即所谓信号。信号是信息的载体。所以，信号的描述和处理在动态测试中占有重要的地位。

由于上述基本差别的存在，两种测试的研究方法就有很大不同。例如，静态测试对数值误差上的分析很重视，而在动态测试中则以不失真复现分析作为基础。于是，对静态测试系统和动态测试系统的要求也就存在着很大差别。动态测试重点研究测试系统的动态响应、信号的不失真传递、噪声的耦合和消除等一系列与信号有关的问题。对测量误差的分析一般也仅着眼于与这些因素有关的因素而引起的误差。例如，由于测试系统的动态特性而引起的误差等。

在技术手段方面，动态测试需要解决的是信号的获取、信号的分析与处理以及信号的记录所依存的系统和环节，包括硬件、软件以及由它们组合的系统。如前所述，由于微电子技术、智能传感技术和计算机技术的发展，动态测试的技术手段越来越先进，越来越完善。

小　　结

本章在介绍测试技术基础上，又介绍了常用的测量方法、测量误差及系统的相似性，然后对测试系统与控制系统进行了比较，最后对测试系统中常用的动态测试的特点进行了阐述。

复习思考题

1. 简述系统的相似性。
2. 常用的测量方法有哪些？
3. 什么是误差、绝对误差和相对误差？
4. 简述系统误差、随机误差和粗大误差。
5. 简述测试系统与控制系统的区别。
6. 什么是动态测试？动态测试有什么特点？

第2章 信号描述及分析

工程测试中，通过传感器获得被测对象的信号，这些信号中蕴含着被测对象的有用信息。一般情况下，只通过信号波形进行直接观察，很难提取出信号中的有用信息，需要对信号进行处理，才能得到有用信息。信号分析是研究信号构成和特征的过程，信号处理是信号经过必要的变换以获得所需信息的过程。信号分析和信号处理的基本方法是将信号抽象为变量之间的函数关系，特别是时间函数或空间函数，从数学上加以分析研究。信号的频谱分析是重要的信号分析技术之一。本章主要介绍信号的分类和描述方法，并重点阐述周期性信号和非周期性信号的时域和频域描述方法，以及时域和频域相互转换的方法，这些信号处理方法为后续章节信号分析的学习奠定了基础。

通过对本章内容的学习，学生能够了解信号的分类及信号的描述方法，理解傅里叶级数、傅里叶变换及频谱的概念；掌握几种典型信号的频谱，并且学会信号的时域描述方法，针对不同信号应用不同的方法求取信号的频域表达式，进而画出信号的频谱图，分析信号的时域和频域之间的关系。

2.1 概　　述

2.1.1 信号的概念

信号是信息的载体，工程实践中充满着大量的信息，信号包含着反映被测物理系统的状态或特性的某些信息，信息是工程测试的对象，是客观事物存在状态或属性的反映。信号是信息的一种表现形式，而信息则是信号的具体内容。例如，回转机械由于动不平衡而产生振动，那么振动信号中就包含了该回转机械动不平衡的信息，因此它就成为研究回转机械动不平衡信息的载体和依据。

在测试过程中存在各种各样的干扰因素，它们势必通过传感器、中间变换器和记录仪影响动态测试后所得信号的真实性，如何从所测信号中提取有用的特征参数，显然是测试工作者必须掌握的关键技术之一。信号分析就是运用数学工具对信号加以分析研究，提取有用信号，从中得到一些对工程有益的结论和方法。研究和运用信号分析技术的重要作用主要表现在：首先，可以为正确选用和设计测试系统提供依据；其次，分析被测信号的类别、构成及特征参数，使工程测试人员了解被测对象的特征参量，以便深入了解被测对象内在的物理本质；最后，选择具有合适特性的信号，去激励测试系统以求其响应，从而获取系统特性。因此，必须熟悉激励和响应信号的特性，即必须熟悉输入、输出信号的分析方法。

现代电气与电子通信技术的迅速发展使得信号分析与处理理论也获得了重大的进展。

随着计算机及集成技术的进一步的发展，信号分析及处理的速度越来越快。工程测试是信号理论的一个重要的应用领域，随着计算机及软件实现信号分析处理的方法日趋成熟，信号的分析处理方法已成为一个重要的技术工具，在工程测试领域中必将得到更广泛的应用。

2.1.2　信号的分类

信号形式不同，因此从不同的角度来说，信号有不同的分类方法。

（1）根据物理性质不同分为电信号和非电信号。电信号是指随着时间而变化的电压或电流，因此在数学描述上可将它表示为时间的函数，并可画出其波形。信息通过电信号进行传送、交换、存储、提取等。而非电信号指随时间变化的力、位移、速度等信号。非电信号和电信号可以借助于一定的装置互相转换。在实际中，对被测的非电信号通常都是通过传感器转换成电信号，再对此电信号进行测量。

（2）按信号取值情况不同分为连续信号和离散信号。连续信号的数学表达式中的独立变量取值是连续的，离散信号的数学表达式中独立变量取值是离散的，将连续信号独立变量等时距采样后的结果就是离散信号。

（3）在电子线路中常将信号分为模拟信号和数字信号。模拟信号是指信息参数在给定范围内表现为连续的信号，或在一段连续的时间间隔内，其代表信息的特征量可以在任意瞬间呈现为任意数值的信号，其信号的幅度、频率或相位随时间连续变化，如广播的声音信号、图像信号等。数字信号的信号数学表达式的独立变量和信号的幅值都是离散的。

（4）按能量功率不同可以分为能量信号与功率信号。因为在非电量测量中，常把被测信号转换为电压和电流信号来处理。显然，电压信号 $x(t)$ 加到电阻 R 上，其瞬时功率 $P(t)=x^2(t)/R$，当 $R=1$ 时，$P(t)=x^2(t)$。当不考虑信号的实际量纲，而把信号 $x(t)$ 的平方 $x^2(t)$ 及其对时间的积分分别称为信号的功率和能量，瞬时功率对时间的积分就是信号在该积分时间内的能量。因此，当 $x(t)$ 满足 $\int_{-\infty}^{+\infty} x^2(t)\mathrm{d}t < \infty$ 则认为信号的能量是有限的，并称为能量有限信号，简称为能量信号，如矩形脉冲信号、指数衰减信号等；当信号在区间 $(-\infty,+\infty)$ 的能量是无限的，即 $\int_{-\infty}^{+\infty} x^2(t)\mathrm{d}t \to \infty$，但在有限区间 (t_1,t_2) 的平均功率是有限的，即 $x(t)=\int_{-\infty}^{+\infty} X(\omega)\mathrm{e}^{\mathrm{j}2\pi ft}\mathrm{d}f$，这种信号称为功率有限信号，简称为功率信号，例如各种周期信号、常值信号、阶跃信号等。需要说明的是，信号的功率和能量未必具有真实功率和真实能量的量纲。一个能量信号具有零平均功率，而一个功率信号具有无限大能量。

（5）按信号在时域上变化的特性不同分为静态信号和动态信号。静态信号主要指在测量期间其值可认为是恒定的信号；动态信号指瞬时值随时间变化的信号。一般信号都是随时间变化的时间函数，即为动态信号。动态信号又可根据信号值随时间的变化规律细分为确定性信号和非确定性信号。若信号随时间有规律变化，可用数学关系式或图表来确切地描述其相互关系，即可确定其任何时刻的量值，这种信号称为确定性信号。确定性信号又可分为周期信号和非周期信号。

周期信号是按一定时间间隔周而复始重复出现、无始无终的信号，可表达为

$$x(t) = x(t + nT_0)， \qquad n = 1, 2, 3, \cdots \tag{2-1}$$

式中，T_0 ——周期，s。

周期信号又可分为简谐信号和复合周期信号。其中简谐信号是指简单周期信号或正弦信号，只有一个谐波，简谐信号波形图如图 2-1 所示。复合周期信号是由多个谐波构成的周期性复合信号，用傅里叶展开后其相邻谐波的频率比 ω_{n+1} / ω_n 为整数，复合周期信号波形图如图 2-2 所示。

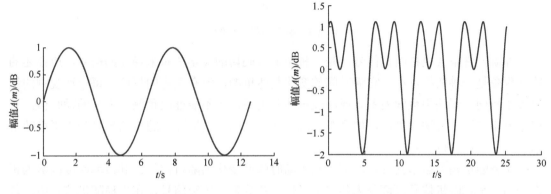

图 2-1　简谐信号波形图　　　　　　图 2-2　复合周期信号波形图

非周期信号是指能用确定的数学关系表达，但其值不具有周期重复特性的信号，如指数信号、阶跃信号等都是非周期信号。非周期信号又可分为准周期信号和瞬变信号。

准周期信号指由有限个周期信号合成的确定性信号，但周期分量之间没有公倍数关系，即没有公共有理数周期，因而无法按某一确定的时间间隔周而复始重复出现，如图 2-3 所示。这种信号往往出现于通信、振动等系统之中，其特点为各谐波的频率比为无理数。在实际工程中，由不同独立振动激励系统构成的输出信号通常属于这一类信号。

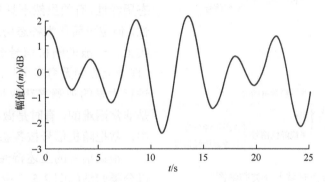

图 2-3　准周期信号波形图

瞬变信号是指在一定时间区域内存在，或随时间 t 增大而衰减至零的信号，如图 2-4 所示，如机械脉冲信号、阶跃信号和指数衰减信号等。

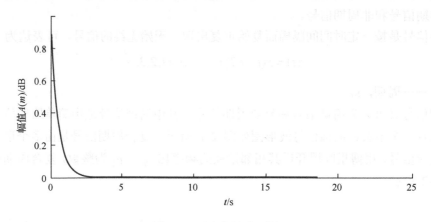

图 2-4 瞬变信号波形图

非确定性信号也称随机信号，是一种不能用确切的数学关系来描述的信号，所描述的物理现象是一种随机过程。它随时间的变化是随机的，没有确定的规律，每一次观测的结果都不相同，无法用数学关系式或图表描述其关系，更不能准确预测其未来的瞬时值，只能用概率统计的方法来描述，如列车、汽车运行时的振动情况。随机信号又分为平稳随机信号和非平稳随机信号。

平稳随机信号是指其统计特征参数不随时间而变化的随机信号，其概率密度函数为正态分布。平稳随机信号又可分为各态历经信号和非各态历经信号。在平稳随机信号中，若任一单个样本函数的时间平均统计特征等于该随机过程的集合平均统计特征，这样的平稳随机信号称为各态历经（遍历性）信号；否则，即为非各态历经信号。

非平稳随机信号是指其统计特征参数随时间而变化的随机信号。在随机信号中，凡不属于平稳随机信号的都可归为非平稳随机信号。

工程上所遇到的很多随机信号具有各态历经性，有的虽然不具备严格的各态历经性，但也可简化为各态历经信号来处理。事实上，一般的随机信号需要足够多的样本（理论上应为无穷多个）才能描述它，而要进行大量的观测来获取足够多的样本函数是非常困难的，有时是做不到的。因此实际中，常把随机信号按各态历经过程来处理。

根据信号的上述特性，信号在时域上可以分类归纳如图 2-5 中所示。

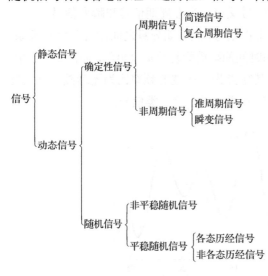

图 2-5 信号在时域上分类归纳图

2.2　信号的描述

信号包含着丰富的信息，根据描述信号的自变量不同将其分为时域信号和频域信号。

时域信号描述信号幅值随时间的变化规律，是可直接检测或记录到的信号。一般是随时间变化的物理量抽象为以时间为自变量的函数，称为信号的时域描述。求取信号幅值的特征参数以及信号波形在不同时刻的相似性和关联性，称为信号的时域分析。从信号的时域描述中可以得出信号的周期、峰值、平均值等信息，可以反映信号的变化快慢和波动情况。时域描述信号形象、直观，图 2-6 是周期信号的时域描述。

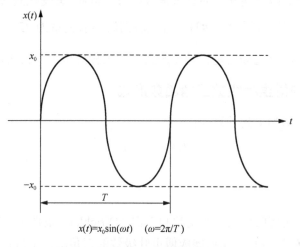

$$x(t)=x_0\sin(\omega t)\quad(\omega=2\pi/T)$$

图 2-6　周期信号的时域描述

时域描述是信号最直接的描述方法，它只能反映信号幅值随时间变化的特征，不能揭示信号的频率结构特征。因此必须研究信号中蕴涵的频率结构和各频率成分的幅值、相位关系。因此，采用信号的频域描述方式。

频域信号是指以频率作为独立变量的方式，也就是所谓信号的频谱分析，包括幅频谱和相频谱。这种描述方式可以反映信号各频率成分的幅值和相位特征，提取出信号中的有用信息。信号的频域表述方式有离散图形表示法和数字序列表示法两种，离散图形表示法如图 2-7（a）所示，数字序列表示法如图 2-7（b）所示。

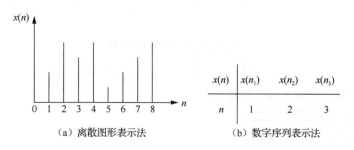

（a）离散图形表示法　　　　　（b）数字序列表示法

图 2-7　信号的频域表示方法

这两种描述方式都是从不同侧面对信号进行观察分析，之所以采用不同的方法对信号进行描述，是因为信号所需要解决的问题不同，需要信号的描述方式也不同。同一信号无论选用哪种描述方法都含有同样的信息，两种描述方式可互相转换但并没有增加新的信息。时域表述和频域表述为从不同的角度观察、分析信号提供了方便。运用傅里叶级数、傅里叶变换及其反变换，可以方便地实现信号的时域、频域转换。

2.3　周期信号与离散频谱

描述周期信号频谱的工具是傅里叶级数展开式，它有复指数函数展开式和三角函数展开式两种形式。复指数函数展开式的频谱是双边谱（ω 从 $-\infty$ 变化到 ∞），三角函数的展开式为单边谱（ω 从 0 变化到 ∞）。两种展开式各谐波幅值关系为 $|C_n| = \dfrac{1}{2}A_n$，$|C_0| = a_0$。双边频谱是 ω 的偶函数，单边频谱是 ω 的奇函数。在工程应用中，常采用简单的单边谱。

2.3.1　周期信号的傅里叶级数三角函数形式

设周期信号可表示为下列关系式：

$$x(t) = x(t + nT) \tag{2-2}$$

式中，$n = 0, \pm 1, \pm 2, \cdots$；

　　　　T——周期。

在有限区间上，任何信号只要满足狄利克雷（Dirichlet）条件（具有有限个间断点；具有有限个极限点；绝对可积），均可展成傅里叶级数的三角函数形式：

$$x(t) = a_0 + \sum_{n=1}^{\infty} \left[a_n \cos(n\omega) + b_n \sin(n\omega t) \right] \tag{2-3}$$

$$\begin{cases} a_0 = \dfrac{1}{T} \displaystyle\int_{-\frac{T}{2}}^{\frac{T}{2}} x(t)\,\mathrm{d}t \\[3mm] a_n = \dfrac{2}{T} \displaystyle\int_{-\frac{T}{2}}^{\frac{T}{2}} x(t)\cos(n\omega t)\,\mathrm{d}t \\[3mm] b_n = \dfrac{2}{T} \displaystyle\int_{-\frac{T}{2}}^{\frac{T}{2}} x(t)\sin(n\omega t)\,\mathrm{d}t \end{cases} \tag{2-4}$$

式中，a_0——信号的常值分量，即均值；

　　　　a_n——信号的余弦分量幅值；

　　　　b_n——信号的正弦分量幅值；

　　　　T——信号的周期；

ω——信号的角频率，T 与 ω 的关系是 $\omega = \dfrac{2\pi}{T}$。

将式（2-3）中同频项合并，可以改写成

$$x(t) = a_0 + \sum_{n=1}^{\infty} A_n \sin(n\omega t + \varphi_n) \qquad (2\text{-}5)$$

式中，$A_n = \sqrt{a_n^2 + b_n^2}$；

$\varphi_n = \tan^{-1} \dfrac{a_n}{b_n}$。

由此可见，周期信号是由一个或几个以至无穷多个不同频率的谐波叠加而成。以角频率 ω 为横坐标、幅值 A_n 或相角 φ_n 为纵坐标所作的图称为频谱图。$A_n\text{-}n\omega$ 图叫幅频谱，$\varphi_n\text{-}n\omega$ 图叫相频谱。因为 n 是整数，相邻谱线频率的间隔 $\Delta\omega = [n\omega - (n-1)\omega] = 1$，$\omega = 2\pi/T$，即各频率成分都是 ω 的整数倍，因而谱线是离散的。称 ω 为基频，称几次倍频成分 $A_n \sin(n\omega t + \varphi_n)$ 为几次谐波。每一根谱线对应其中一种谐波，频谱就是构成信号的各频率分量的集合，它表征信号的频率结构。傅里叶级数三角函数展开时，周期信号的频谱，其频率范围是 $0\sim+\infty$，所以其频谱是单边谱。

例 2-1 求图 2-8 中周期矩形脉冲信号的频谱。

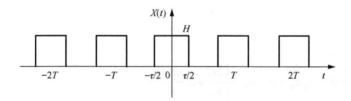

图 2-8　周期矩形脉冲信号

解：$x(t)$ 可表示为

$$x(t) = \begin{cases} H, & -\dfrac{\tau}{2} + kT \leqslant t < \dfrac{\tau}{2} + kT \\[2mm] 0, & kT + \dfrac{\tau}{2} \leqslant t < (k+1)T - \dfrac{\tau}{2} \end{cases}$$

式中，$k = 0, \pm 1, \pm 2, \cdots$。

由式（2-4），常值分量为

$$a_0 = \frac{1}{T} \int_{-\frac{T}{2}}^{\frac{T}{2}} x(t)\,\mathrm{d}t = \frac{1}{T} \int_{-\frac{\tau}{2}}^{\frac{\tau}{2}} H\,\mathrm{d}t = \frac{H\tau}{T}$$

余弦分量幅值为

$$a_n = \frac{2}{T}\int_{-\frac{T}{2}}^{\frac{T}{2}} x(t)\cos(n\omega t)\mathrm{d}t$$

$$= \frac{2}{T}\int_{-\frac{\tau}{2}}^{\frac{\tau}{2}} H\cos(n\omega t)\mathrm{d}t = \frac{2H}{n\omega T}\int_{-\frac{\tau}{2}}^{\frac{\tau}{2}} \cos(n\omega t)\mathrm{d}(n\omega t)$$

$$= \frac{2H}{n\omega T}\cdot 2\cdot \int_{0}^{\frac{\tau}{2}} \cos(n\omega t)\mathrm{d}(n\omega t) = \frac{2H}{n\frac{2\pi}{T}T}\cdot 2\cdot \sin\frac{2n\pi\tau}{2T} = \frac{2H}{n\pi}\sin\frac{n\pi\tau}{T}$$

正弦分量幅值为

$$b_n = \frac{2}{T}\int_{-\frac{T}{2}}^{\frac{T}{2}} x(t)\sin(\omega t)\mathrm{d}t = 0$$

因此

$$x(t) = a_0 + \sum_{n=1}^{\infty} A_n \sin\left(n\omega t + \varphi_n\right)$$

式中，$\omega = \dfrac{2\pi}{T}$；

$a_0 = \dfrac{H\tau}{T}$；

$A_n = \sqrt{a_n^2 + b_n^2} = \sqrt{a_n^2 + 0} = a_n = \left|\dfrac{2H}{n\pi}\sin\dfrac{n\pi\tau}{T}\right|$；

$\varphi_n = \tan^{-1}\dfrac{a_n}{0} = \pm\infty,\ \begin{cases} a_n > 0, & \varphi_n = -\dfrac{\pi}{2} \\[2mm] a_n < 0, & \varphi_n = -\dfrac{\pi}{2} \end{cases}$。

图 2-9 为 $\dfrac{\tau}{T_0} = \dfrac{1}{2}$ 时信号的频谱图。图 2-10 为 $\dfrac{\tau}{T} = \dfrac{1}{2}$ 时周期矩形脉冲的相频谱。

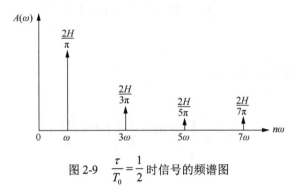

图 2-9　$\dfrac{\tau}{T_0} = \dfrac{1}{2}$ 时信号的频谱图

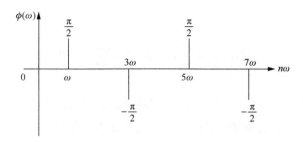

图 2-10　$\dfrac{\tau}{T}=\dfrac{1}{2}$ 时周期矩形脉冲的相频谱

经上述分析可得出如下结论：

（1）周期信号频谱是离散的，即离散性。

（2）周期信号的频谱是正的，各谐波频率必定是基波频率的整数倍，不存在非整数倍的频率分量，即谐波性。

（3）谐波幅值总的趋势是随谐波次数增加而减小，即收敛性。

通过对周期信号的频谱进行分析，可以把一个时间复杂的信号分解成一系列简单的正弦波分量，以获得信号的频率结构及各谐波的幅值和相位信息，这对机械动态测试具有重要的意义。

2.3.2　周期信号的傅里叶级数复指数函数形式

利用欧拉公式可把三角函数展开式变为复指数函数展开式，周期信号的单边谱就变为双边谱。根据欧拉公式：

$$e^{\pm j\omega t}=\cos(\omega t)\pm j\sin(\omega t) \tag{2-6}$$

$$\cos(\omega t)=\frac{1}{2}(e^{-j\omega t}+e^{j\omega t}) \tag{2-7}$$

$$\sin(\omega t)=\frac{1}{2}j(e^{-j\omega t}-e^{j\omega t}) \tag{2-8}$$

因此式（2-3）可改写为

$$x(t)=a_0+\sum_{n=1}^{\infty}\left[\frac{1}{2}(a_n+jb_n)e^{-jn\omega t}+\frac{1}{2}(a_n-jb_n)e^{jn\omega t}\right] \tag{2-9}$$

$$\begin{cases} c_{-n}=\dfrac{1}{2}(a_n+jb_n) \\[2mm] c_{+n}=\dfrac{1}{2}(a_n-jb_n) \\[2mm] c_0=a_0 \end{cases} \tag{2-10}$$

则

$$x(t) = c_0 + \sum_{n=1}^{\infty} c_{-n} \cdot e^{-jn\omega t} + \sum_{n=1}^{\infty} c_n \cdot e^{jn\omega t}$$

上式中变量 n 的取值与式（2-8）相同，n 的取值为正整数（$n=1,2,3,\cdots$），即从 $0\sim+\infty$ 内取值。若将上式中第 2 项的变量 n 前的负号看成是 n 的一部分，即等效于变量 n 从 $-\infty\sim-1$ 内取值，则上式变为

$$x(t) = \sum_{-\infty}^{+\infty} c_n \cdot e^{+jn\omega t}, \quad n=0,\pm1,\pm2,\cdots \tag{2-11}$$

这就是傅里叶级数的复指数函数展开式。其中，

$$
\begin{aligned}
c_n &= \frac{1}{2}(a_n - jb_n) \\
&= \frac{1}{2}\left[\frac{2}{T}\int_{-\frac{T}{2}}^{\frac{T}{2}} x(t)\cos(n\omega t)\mathrm{d}t - j\frac{2}{T}\int_{-\frac{T}{2}}^{\frac{T}{2}} x(t)\sin(n\omega t)\mathrm{d}t\right] \\
&= \frac{1}{T}\int_{-\frac{T}{2}}^{\frac{T}{2}} x(t)\cdot[\cos(n\omega t) - j\sin(n\omega t)]\mathrm{d}t \\
&= \frac{1}{T}\int_{-\frac{T}{2}}^{\frac{T}{2}} x(t)\cdot e^{-jn\omega t}\mathrm{d}t
\end{aligned}
\tag{2-12}
$$

而上述推导过程中 n 取值为正整数。当 n 取 0 或负值时，也可以得到同样结果。由上式可见，c_n 实际上是一个复数，可表示为复数的模和相角的关系：

$$c_n = c_{nR} + c_{nI} = |c_n| e^{j\varphi_n} \tag{2-13}$$

$$|c_n| = \sqrt{c_{nR}^2 + c_{nI}^2} = \frac{1}{2}\sqrt{a_n^2 + b_n^2} = \frac{1}{2}A_n \tag{2-14}$$

$$\varphi_n = \tan^{-1}\frac{c_{nI}}{c_{nR}} \tag{2-15}$$

这里 $\mathrm{Im}\{c_n\} = \frac{1}{2}(-b_n)$，$\mathrm{Re}\{c_n\} = \frac{1}{2}a_n$ 分别是 c_n 的虚部和实部。所以，

$$x(t) = \sum_{-\infty}^{+\infty} |c_n| e^{j(n\omega t + \varphi_n)} \tag{2-16}$$

式中， $n\omega$ ——谐波角频率；

　　　　 $|c_n|$ ——谐波幅值；

　　　　 φ_n ——初相角。

c_n 与 $n\omega$ 的关系称为复频谱， $|c_n|$ 与 $n\omega$ 的关系称为幅频谱， φ_n 与 $n\omega$ 的关系称为相频谱。复频谱的频率范围是 $-\infty \sim +\infty$ ，所以复频谱又称为双边谱。

例 2-2　求例 2-1 中当 $\tau / T = 1 / 4$ 时信号的复频谱。

解：已知

$$x(t) = \begin{cases} H, & -\dfrac{\tau}{T} + kT \leqslant t < \dfrac{\tau}{2} + kT \\ 0, & \dfrac{\tau}{2} + kT \leqslant t < (k+1)T - \dfrac{\tau}{2} \end{cases}$$

由式（2-13）得

$$|c_n| = \left| \frac{1}{T} \int_{-\frac{T}{2}}^{\frac{T}{2}} x(t)\mathrm{e}^{-\mathrm{j}n\omega t}\mathrm{d}t \right| = \left| \frac{H}{n\pi} \sin \frac{n\pi\tau}{T} \right|$$

$$\varphi_n = \tan^{-1} \frac{\operatorname{Im}\{c_n\}}{\operatorname{Re}\{c_n\}}$$

因为虚部 $\operatorname{Im}\{c_n\} = 0$ ，实部 $\operatorname{Re}\{c_n\} = \dfrac{H}{n\pi} \sin \dfrac{n\pi\tau}{T}$ ，所以，

$$\varphi_n \begin{cases} 0, & \dfrac{H}{n\pi} \sin \dfrac{n\pi\tau}{T} > 0 \\ \pi, & \dfrac{H}{n\pi} \sin \dfrac{n\pi\tau}{T} < 0, \quad n > 0 \\ -\pi, & \dfrac{H}{n\pi} \sin \dfrac{n\pi\tau}{T} < 0, \quad n < 0 \end{cases}$$

当 $\dfrac{\tau}{T} = \dfrac{1}{2}$ 时，其复频谱（幅频谱和相频谱）如图 2-11 和图 2-12 所示。

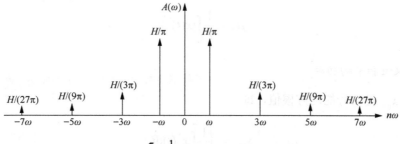

图 2-11　 $\dfrac{\tau}{T} = \dfrac{1}{2}$ 时周期矩形脉冲的幅频谱

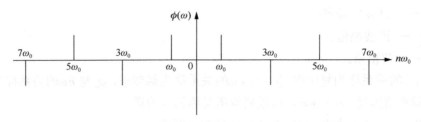

图 2-12 $\dfrac{\tau}{T}=\dfrac{1}{2}$ 时周期矩形脉冲的相频谱

由图 2-11 和图 2-12 可以看出复频谱具有如下特点：

（1）幅频谱对称于纵坐标，即信号谐波幅值是频率的偶函数。

（2）相频谱对称于坐标原点，即信号谐波的相角是频率的奇函数。

（3）复频谱（双边谱）与单边谱比较，对应于某一角频率 $n\omega$，单边谱只有一条谱线，而双边谱在 $\pm n\omega$ 处各有一条谱线，因而谱线增加了一倍，但谱线高度却减少了一半，即 $|c_n|=\dfrac{1}{2}A_n$。

2.3.3 周期信号的强度表述

周期信号的强度用如下几种形式表述。

1. 峰值 x_F

峰值 x_F 是信号可能出现的最大瞬时值，即

$$x_F = \left| x(t) \right|_{\max} \tag{2-17}$$

它反映信号的动态范围，通常希望 x_F 在测试系统的动态范围内。

2. 均值 μ_x 和绝对均值 $\mu_{|x|}$

均值 μ_x 是信号的常值分量，即

$$\mu_x = \frac{1}{T}\int_0^T x(t)\,\mathrm{d}t \tag{2-18}$$

绝对均值 $\mu_{|x|}$ 是信号经全波整流后的均值，即

$$\mu_{|x|} = \frac{1}{T}\int_0^T \left| x(t) \right|\,\mathrm{d}t \tag{2-19}$$

3. 有效值和平均功率

有效值 x_{rms} 是信号的均方根值，即

$$x_{rms} = \sqrt{\frac{1}{T}\int_0^T x^2(t)\,\mathrm{d}t} \tag{2-20}$$

它反映信号的功率大小。有效值的平方就是信号的平均功率 P_{av}，即

$$P_{av} = \frac{1}{T}\int_0^T x^2(t)\mathrm{d}t \qquad (2\text{-}21)$$

图 2-13 为周期信号的强度表示。表 2-1 列举了几种典型信号在最大值都为 A 时的强度数据间的数量关系。可见，信号的均值、绝对均值、峰值和有效值之间的关系与波形有关。

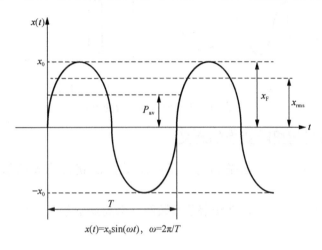

$$x(t)=x_0\sin(\omega t), \quad \omega=2\pi/T$$

图 2-13　周期信号的强度表示

表 2-1　几种典型信号的强度

名称	x_F	μ_x	x_{rms}	P_{av}
正弦波	A	0	$2/\pi$	$A/\sqrt{2}$
方波	A	0	A	A
三角波	A	0	$A/2$	$A/\sqrt{2}$
锯齿波	A	$A/2$	$A/2$	$A/\sqrt{2}$

2.4　非周期信号与连续频谱

非周期信号包括准周期信号和瞬变信号。准周期信号是由一系列没有公共周期的周期信号（如正弦信号或余弦信号）叠加组成的，与周期信号相比，所不同的只是其各个正弦信号的频率比不是有理数。因此，它的频谱与周期信号的频谱无本质区别，其频谱仍然是离散的，不必进行单独研究。

瞬变信号是指除了准周期信号之外的非周期信号。通常所说的非周期信号即是指这种瞬变信号。图 2-14 是几种典型的非周期信号。本书在此以后提到非周期信号均指瞬变信号。

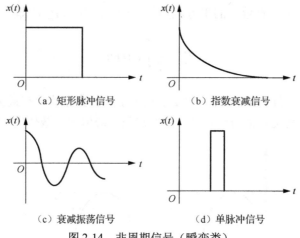

（a）矩形脉冲信号　　　　　　（b）指数衰减信号

（c）衰减振荡信号　　　　　　（d）单脉冲信号

图 2-14　非周期信号（瞬变类）

2.4.1　非周期信号傅里叶变换的定义

获得周期信号频谱的方法是利用傅里叶级数，而获得非周期信号频谱的方法则是傅里叶变换。

周期为 T 的周期信号 $x(t)$，其频谱是离散的。当周期 T 趋于无穷大时，该信号就变成非周期信号了。

周期信号频谱中谱线间隔为 $\Delta\omega$，有 $\Delta\omega = \omega_{n+1} - \omega_n = [(n+1)\omega - n\omega] = \omega = 2\pi/T \to$
$\Delta\omega = 2\pi/T \to \dfrac{1}{T} = \dfrac{\Delta\omega}{2\pi}$。当 $T \to \infty$ 时，$\Delta\omega \to 0$，即谱线无限密集以致离散频谱最终变为连续频谱，所以非周期信号的频谱是连续的。因此，可认为非周期信号是由无限个频率极其接近的谐波合成。

设有周期信号 $x(t)$，则其在 $\left(-\dfrac{T}{2}, +\dfrac{T}{2}\right)$ 区间内的傅里叶系数为

$$x(t) = \sum_{-\infty}^{+\infty} c_n \cdot e^{jn\omega t} \tag{2-22}$$

式中，$c_n = \dfrac{1}{T}\displaystyle\int_{-\frac{T}{2}}^{\frac{T}{2}} x(t) \cdot e^{-jn\omega t}dt$，所以，$x(t) = \displaystyle\sum_{-\infty}^{+\infty}\left(\dfrac{1}{T}\int_{-\frac{T}{2}}^{\frac{T}{2}} x(t) \cdot e^{-jn\omega t}dt\right)e^{jn\omega t}$。

当 $T \to \infty$ 时，$\Delta\omega \to d\omega$，即 $\dfrac{1}{T} = \dfrac{d\omega}{2\pi}$。而离散频谱中相邻的谱线紧靠在一起，$n\omega \to \omega$，上式中 $\sum \to \int$，$\dfrac{T}{2} \to \infty$，于是有

$$\begin{aligned}
x(t) &= \lim_{\Delta\omega \to 0} \frac{1}{2\pi}\sum_{-\infty}^{+\infty}\left[\int_{-\frac{T}{2}}^{\frac{T}{2}} x(t) \cdot e^{-j\omega t}dt\right]e^{j\omega t} \cdot \Delta\omega \\
&= \int_{-\infty}^{+\infty}\left(\frac{1}{2\pi}\int_{-\infty}^{+\infty} x(t)e^{-j\omega t}dt\right)e^{j\omega t}d\omega
\end{aligned} \tag{2-23}$$

令

$$X(\omega) = FT[X(t)] = \frac{1}{2\pi} \int_{-\infty}^{+\infty} x(t) \cdot e^{-j\omega t} dt \qquad (2\text{-}24)$$

$$x(t) = FT^{-1}[X(\omega)] = \int_{-\infty}^{+\infty} X(\omega) \cdot e^{j\omega t} d\omega \qquad (2\text{-}25)$$

式（2-24）中 $X(\omega)$ 称为非周期信号 $x(t)$ 的傅里叶正变换，式（2-25）中 $x(t)$ 为 $X(\omega)$ 的傅里叶逆变换，两者互称为傅里叶变换对。用下式表示两者的关系：

$$x(t) \underset{FT^{-1}}{\overset{FT}{\rightleftharpoons}} X(\omega) \qquad (2\text{-}26)$$

利用 $\omega = 2\pi f$，则式（2-24）和式（2-25）可写成

$$X(f) = FT[x(t)] = \int_{-\infty}^{+\infty} x(t) e^{-j2\pi ft} dt \qquad (2\text{-}27)$$

$$x(t) = FT^{-1}[X(\omega)] = \int_{-\infty}^{+\infty} X(\omega) e^{j2\pi ft} df \qquad (2\text{-}28)$$

同样 $x(t)$ 和 $X(\omega)$ 关系相应变为

$$x(t) \underset{FT^{-1}}{\overset{FT}{\rightleftharpoons}} X(f)$$

式（2-27）和式（2-28）易于记忆。$X(f)$ 和 $X(\omega)$ 关系是

$$X(f) = 2\pi X(\omega) \qquad (2\text{-}29)$$

通常 $X(f)$ 是实变量 f 的复函数，所以 $X(f)$ 可写成

$$X(f) = \mathrm{Re}\,[X(f)] + j\mathrm{Im}[X(f)] = |X(f)| e^{j\varphi(f)} \qquad (2\text{-}30)$$

式中，$|X(f)| = \sqrt{(\mathrm{Re}[X(f)])^2 + (\mathrm{Im}[X(f)])^2}$ ；

$\varphi(f) = \arctan[\mathrm{Im}[X(f)] / [\mathrm{Re}\,X(f)]]$。

需要注意的是非周期信号的幅值谱 $|X(f)|$ 是连续的，而周期信号的幅值谱是离散的。$|X(f)|$ 的量纲是单位频宽上的幅值，即 $|X(f)|$ 是 $x(t)$ 的频谱密度函数，而周期信号幅值谱 $|c_n|$ 的量纲与其幅值一致。

傅里叶变换的存在需要满足以下两个条件：

（1）狄利克雷条件。

（2）$x(t)$ 在无限区间上绝对可积，即 $\int_{-\infty}^{+\infty} |x(t)| dt < \infty$，是收敛的。

在工程上所遇到的非周期信号基本上均能满足上述条件。

例2-3　求矩形窗函数 $W(t)$ 的频谱。已知矩形窗函数 $W(t)$ 的定义为

$$W(t)=\begin{cases}1, & |t|\leqslant\dfrac{\tau}{2}\\[2mm] 0, & |t|>\dfrac{\tau}{2}\end{cases}$$

式中，τ ——时间宽度，称为窗宽。

解：由式（2-27）得 $W(t)$ 的频谱 $W(f)$ 为

$$W(f)=\int_{-\infty}^{+\infty}W(t)\cdot\mathrm{e}^{-\mathrm{j}2\pi ft}\mathrm{d}t=\int_{\frac{\tau}{2}}^{\frac{\tau}{2}}1\cdot\mathrm{e}^{-\mathrm{j}2\pi ft}\mathrm{d}t$$

$$=\frac{-1}{\mathrm{j}2\pi f}[\mathrm{e}^{-\mathrm{j}2\pi f\frac{\tau}{2}}-\mathrm{e}^{\mathrm{j}2\pi f\frac{\tau}{2}}]$$

$$=\mathrm{j}\frac{1}{2}\frac{\mathrm{e}^{-\mathrm{j}\pi f\tau}-\mathrm{e}^{\mathrm{j}\pi f\tau}}{\pi f}=\frac{\sin(\pi f\tau)}{\pi f}$$

$$=\tau\cdot\frac{\sin(\pi f\tau)}{\pi f\tau}=\tau\sin\mathrm{c}(\pi f\tau)$$

数学上，定义 $\sin(\theta)=\dfrac{\sin\theta}{\theta}$ 为采样函数，它是以 2π 为周期且随 θ 增大而做衰减振荡，并在 $n\pi$（n 为整数）处其值为零的一个特殊的实偶函数，该函数在信号分析中非常有用，其数值可从数学手册中查到。矩形窗函数 $W(t)$ 及其频谱 $W(f)$ 的图形如图 2-15 所示。

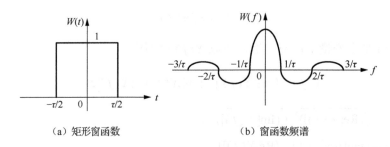

（a）矩形窗函数　　　　　　　　（b）窗函数频谱

图 2-15　矩形窗函数及其频谱图

2.4.2　非周期信号傅里叶变换的性质

　　傅里叶变换将一个信号时域与频域联系起来。傅里叶变换有许多性质，这些性质主要反映了信号时域内变化与频域内变化的内在联系，以及频域对时域的影响。掌握这些性质对今后的理论学习和实践应用非常重要。因此，了解、熟悉傅里叶变换的主要性质有助于了解信号在一个域中变化而引起的信号在另一个域中产生的相应变化，利用这些性质可减少许多不必要的计算，并有利于画出频谱图。

1. 线性叠加性

若信号 $x(t)$ 和 $y(t)$ 的频谱分别为 $X(f)$ 和 $Y(f)$，则 $ax(t)+by(t)$ 的频谱为 $aX(f)+bY(f)$，即

$$ax(t)+by(t) \Leftrightarrow aX(f)+bY(f) \tag{2-31}$$

线性叠加性表明两个信号线性组合的傅里叶变换是单个信号傅里叶变换的线性组合，这个性质可以推广到多个信号的组合。

2. 奇偶虚实性

一般 $X(f)$ 是 f 的复变函数，它可以写成

$$X(f) = \int_{-\infty}^{+\infty} x(t)\mathrm{e}^{-\mathrm{j}2\pi ft}\mathrm{d}t = \operatorname{Re} X(f) - \mathrm{j}\operatorname{Im} X(f) \tag{2-32}$$

式中，$\operatorname{Re} X(f) = \int_{-\infty}^{+\infty} x(t)\cos(2\pi ft)\mathrm{d}t$；

$\operatorname{Im} X(f) = \int_{-\infty}^{+\infty} x(t)\sin(2\pi ft)\mathrm{d}t$。

余弦函数是偶函数，正弦函数是奇函数。由傅里叶变换的奇偶虚实性可以得出：

（1）如果 $x(t)$ 是实偶函数，则 $\operatorname{Im} X(f)=0$，$X(f)$ 是实偶函数，即 $X(f) = \operatorname{Re} X(f) = X(-f)$。

（2）如果 $x(t)$ 是实奇函数，则 $\operatorname{Re} X(f)=0$，$X(f)$ 是虚奇函数，即 $X(f) = \operatorname{Im} X(f) = -X(-f)$。

（3）如果 $x(t)$ 是虚偶函数，则同理可知 $X(f)$ 是虚偶函数。

（4）如果 $x(t)$ 是虚奇函数，则 $X(f)$ 是实奇函数。

奇偶虚实性在频谱分析中应用广泛，利用这一性质，可以很方便地求出信号幅频谱和相频谱中的奇偶性，例如实函数的傅里叶变换频谱分别为偶函数、奇函数，这一特性在信号分析中得到了应用。

3. 翻转定理

若信号 $x(t)$ 的频谱为 $X(f)$，则信号 $x(-t)$ 的频谱为 $X(-f)$。也就是说，当信号在时域绕纵坐标轴翻转 $180°$ 时，它在频域中也绕纵坐标轴翻转 $180°$，即若 $x(t) \Leftrightarrow X(f)$，则

$$x(-t) \Leftrightarrow X(-f) \tag{2-33}$$

4. 对称性

若 $x(t) \Leftrightarrow X(f)$，则

$$X(t) \Leftrightarrow x(-f) \tag{2-34}$$

证明：

$$x(t) = F^{-1}[X(f)] = \int_{-\infty}^{+\infty} X(f)e^{j2\pi ft}\mathrm{d}f$$

以$-u$替换t：

$$x(-u) = \int_{-\infty}^{+\infty} X(f)e^{-j2\pi fu}\mathrm{d}f$$

以t代替f：

$$x(-u) = \int_{-\infty}^{+\infty} X(t)e^{-j2\pi ut}\mathrm{d}t$$

再以f代替u：

$$x(-f) = \int_{-\infty}^{+\infty} X(t)e^{-j2\pi ft}\mathrm{d}t = F^{-1}[X(t)]$$

即 $X(t) \Leftrightarrow x(-f)$。

对称性应用举例如图 2-16 所示。

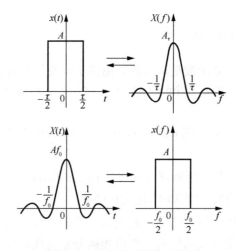

图 2-16　信号的对称性示意图

从对称性的定理可知，若信号 $f(t)$ 的频率为 $F(\omega)$，为了求 $F(\omega)$ 可以利用 $f(-\omega)$，当 $f(t)$ 为偶函数，对称性便得到简化，既 $f(t)$ 的频谱为 $F(\omega)$，那么形状为 $F(t)$ 的波形，其频率一定为 $f(\omega)$。即直流信号的频率为冲激函数，而冲激函数的频率必为常数。

5. 时间尺度改变特性

在信号幅值不变的情况下，若

$$x(t) \Leftrightarrow X(f)$$

$$x(kt) \Leftrightarrow \frac{1}{k}X(\frac{f}{k}), \quad k > 0 \tag{2-35}$$

证明：

$$F[x(kt)] = \int_{-\infty}^{+\infty} x(kt) e^{-j2\pi ft} dt$$

$$= \frac{1}{k} \int_{-\infty}^{+\infty} x(kt) e^{-j2\pi \frac{f}{k} kt} d(kt)$$

$$= \frac{1}{k} X(\frac{f}{k})$$

当 $k > 1$ 时，时间尺度压缩如图 2-17（c）所示。此时，时域波形在时间轴上被压缩 k 倍，导致频域的频带加宽 k 倍和幅值降低；当 $k < 1$ 时，时间尺度扩展如图 2-17（a）所示。其频谱变窄，幅值增高。例如，把记录磁带慢录快放，即时间尺度压缩，这样尽管提高了处理信号的效率，但却使得到的信号频带加宽。如果后续处理设备（放大器、滤波器）的通频带不够宽，就会导致失真。相反快录慢放，使信号的带宽变窄，对后续处理设备的通频带要求降低了，却使信号处理效率下降。

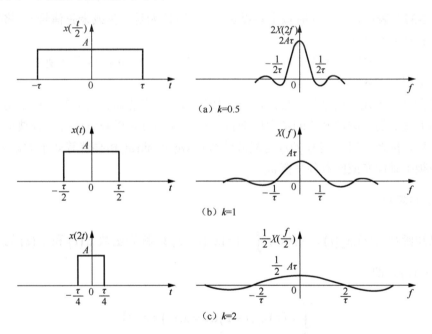

图 2-17 时间尺度改变特性示意图

6. 时移和频移特性

若 $x(t) \Leftrightarrow X(f)$，在时域中信号沿时间轴平移一常值 t_0，则

$$x(t \pm t_0) \Leftrightarrow 5 X(f) \cdot e^{\pm j2\pi ft_0} \tag{2-36}$$

证明：由傅里叶变换的定义，可知 $F\left[x\left(t\pm t_0\right)\right]=\int_{-\infty}^{+\infty}x\left(t\pm t_0\right)\mathrm{e}^{-\mathrm{j}\omega t}\mathrm{d}t$ ，令 $t\pm t_0=u$ ，有

$$
\begin{aligned}
F\left[x\left(t\pm t_0\right)\right] &=\int_{-\infty}^{+\infty}x(u)\mathrm{e}^{-\mathrm{j}\omega\left(u\pm t_0\right)}\mathrm{d}u \\
&=\mathrm{e}^{\pm\mathrm{j}\omega t_0}\int_{-\infty}^{+\infty}x(u)\mathrm{e}^{-\mathrm{j}\omega u}\mathrm{d}u \\
&=\mathrm{e}^{\pm\mathrm{j}\omega t_0}F\left[x(t)\right]
\end{aligned}
$$

该式表明，当信号时移 $\pm t_0$ 后，其幅频谱不变，而相频谱由原来的 $\varphi(f)$ 变为 $\varphi(f)\pm 2\pi f t_0$，即信号在时域中的移动，引起其在频域中的相移。

在频域中信号沿频率轴平移一常值 f_0，则

$$
x(t)\mathrm{e}^{\pm\mathrm{j}2\pi f_0 t}\Leftrightarrow X(f\mp f_0) \tag{2-37}
$$

$$
F^{-1}\left[X\left(\omega\mp\omega_0\right)\right]=x(t)\mathrm{e}^{\pm\mathrm{j}\omega_0 t} \tag{2-38}
$$

式（2-37）表明，信号在时域上乘以 $\mathrm{e}^{\pm\mathrm{j}2\pi f_0 t}$ （可认为是正弦或余弦信号），将使其频谱沿频率轴右移或左移 f_0。

式（2-38）表明频谱函数 $X(\omega)$ 沿 ω 轴向右或向左位移 ω 的傅里叶逆变换等于原来的函数 $x(t)$ 乘以因子 $\mathrm{e}^{\mathrm{j}\omega t}$ 或 $\mathrm{e}^{-\mathrm{j}\omega t}$。

频谱搬移技术在通信系统中应用广泛，如调幅、同步解调、变频等过程都是在频谱搬移的基础上完成的。频谱搬移的实现原理就是将信号 $f(t)$ 乘以载波信号，载波信号一般是三角波信号，因此，时间信号 $f(t)$ 与载波信号 $\cos\omega_0$ 或 $\sin\omega_0$ 相乘就等效于频谱 $F(\omega)$ 一分为二，沿频率轴向左或向右各平衡 ω_0。

7. 卷积定理

若已知函数 $x_1(t),x_2(t)$，则积分 $\int_{-\infty}^{+\infty}x_1(\tau)x_2(t-\tau)\mathrm{d}\tau$ 称为函数 $x_1(t)$ 和 $x_2(t)$ 的卷积，记为 $x_1(t)*x_2(t)$，即

$$
\int_{-\infty}^{+\infty}x_1(\tau)x_2(t-\tau)\mathrm{d}\tau=x_1(t)*x_2(t) \tag{2-39}
$$

显然，$x_1(t)*x_2(t)=x_2(t)*x_1(t)$，即卷积满足交换律。

如果两信号 $x_1(t)$ 和 $x_2(t)$ 都满足傅里叶积分定理中的条件，且其频谱分别为 $X_1(f)$ 和 $X_2(f)$，则

$$
\begin{cases}
F\left[x_1(t)*x_2(t)\right]=X_1(\omega)\cdot X_2(\omega) \\
F\left[x_1(\omega)\cdot x_2(\omega)\right]=X_1(t)*X_2(t)
\end{cases} \tag{2-40}
$$

式（2-39）说明时域中两信号卷积傅里叶变换等于频域中它们频谱的乘积。式（2-40）说明时域中两信号乘积等效于频域中它们频谱的卷积。

证明：按傅里叶变换的定义，有

$$
\begin{aligned}
F\left[x_1(t)*f_2(t)\right] &= \int_{-\infty}^{+\infty}\left[x_1(t)*x_2(t)\right]\mathrm{e}^{-\mathrm{j}\omega t}\mathrm{d}t \\
&= \int_{-\infty}^{+\infty}\int_{-\infty}^{+\infty}\left[\int_{-\infty}^{+\infty}x_1(\tau)x_2(t-\tau)\mathrm{d}\tau\right]\mathrm{e}^{-\mathrm{j}\omega t}\mathrm{d}t \\
&= \int_{-\infty}^{+\infty}\int_{-\infty}^{+\infty}x_1(\tau)\mathrm{e}^{-\mathrm{j}\omega\tau}x_2(t-\tau)\mathrm{e}^{-\mathrm{j}\omega(t-\tau)}\mathrm{d}\tau\mathrm{d}t \\
&= \int_{-\infty}^{+\infty}x_1(\tau)\mathrm{e}^{-\mathrm{j}\omega\tau}\left[\int_{-\infty}^{+\infty}x_2(t-\tau)\mathrm{e}^{-\mathrm{j}\omega(t-\tau)}\mathrm{d}t\right]\mathrm{d}\tau \\
&= X_1(\omega)\cdot X_2(\omega)
\end{aligned}
$$

这个性质表明，两个函数卷积的傅里叶变换等于这两个函数傅里叶变换的乘积。

同理可得

$$
F\left[x_1(t)\cdot x_2(t)\right]=\frac{1}{2\pi}X_1(\omega)*X_2(\omega) \tag{2-41}
$$

即两个函数乘积的傅里叶变换等于这两个函数傅里叶变换的卷积除以 2π。

推论：若 $x_k(t)$（$k=1,2,\cdots,n$）满足傅里叶积分定理中的条件，且 $F\left[x_k(t)\right]=X_k(\omega)$（$k=1,2,\cdots,n$），则有 $F\left[x_1(t)\cdot x_2(t)\cdot\cdots\cdot x_n(t)\right]=\dfrac{1}{(2\pi)^{n-1}}X_1(\omega)*X_2(\omega)*\cdots*X_n(\omega)$。

可见，卷积并不总是很容易计算的，但卷积定理提供了卷积计算的简便方法，即化卷积运算为乘积运算，这就使得卷积在线性系统分析中成为特别有用的方法。

若 $x_1(t),x_2(t)$ 其中有一个信号为周期信号，设 $x_2(t)$ 为周期信号，即 $x_2(t)=\sum_{-\infty}^{+\infty}c_n\mathrm{e}^{\mathrm{j}2\pi nf_0t}$，利用叠加性和频移特性，可得如下推论：

$$
x_1(t)\cdot x_2(t)\Leftrightarrow\sum_{-\infty}^{+\infty}c_nX_1(f-nf_0) \tag{2-42}
$$

8. 微分性质

1）时域微分特性

如果 $x(t)$ 在 $(-\infty,+\infty)$ 上连续或仅有有限个可去间断点，且当 $|t|\to+\infty$ 时，$x(t)\to 0$，且 $F[x(t)]=X(f)$ 则

$$
F\left[x'(t)\right]=\mathrm{j}\omega F\left[x(t)\right]=(\mathrm{j}2\pi f)\cdot X(f) \tag{2-43}
$$

证明：由傅里叶变换的定义，并利用分部积分（$\int uv'\mathrm{d}t = uv - \int vu'\mathrm{d}t$）可得

$$F\left[x'(t)\right] = \int_{-\infty}^{+\infty} x'(t)\mathrm{e}^{-\mathrm{j}\omega t}\mathrm{d}t$$

$$= x(t)\mathrm{e}^{-\mathrm{j}\omega t}\Big|_{-\infty}^{+\infty} + \mathrm{j}\omega\int_{-\infty}^{+\infty} x(t)\mathrm{e}^{-\mathrm{j}\omega t}\mathrm{d}t = \mathrm{j}\omega\cdot F\left[x(t)\right] = \mathrm{j}\omega\cdot X(f)$$

即一个时域信号导数的傅里叶变换等于这个函数的傅里叶变换乘以因子 $\mathrm{j}\omega$。

推论：若 $x^{(k)}(t)$（$k=1,2,\cdots,n$）在 $(-\infty,+\infty)$ 上连续或只有有限个可去间断点，且 $\lim\limits_{|t|\to+\infty} x^{(k)}(t)=0$（$k=1,2,\cdots,n-1$），且 $F[x(t)]=X(f)$，则有 $F\left[x^{(n)}(t)\right]=(\mathrm{j}\omega)^n\cdot F\left[x(t)\right]$，因此

$$\frac{\mathrm{d}^n x(t)}{\mathrm{d}t^n} \Leftrightarrow (\mathrm{j}\omega)^n\cdot X(f) \tag{2-44}$$

2）频域微分特性

设 $F\left[x(t)\right]=X(\omega)$，则 $\dfrac{\mathrm{d}X(\omega)}{\mathrm{d}\omega}=F\left[-\mathrm{j}t\cdot x(t)\right]$。一般有

$$\frac{\mathrm{d}^n}{\mathrm{d}\omega^n}X(\omega)=(-\mathrm{j})^n\cdot F\left[t^n\cdot x(t)\right] \tag{2-45}$$

或将式 $X(f)=\displaystyle\int_{-\infty}^{+\infty} x(t)\mathrm{e}^{-\mathrm{j}2\pi ft}\mathrm{d}t$ 对 f 微分，可得

$$(-\mathrm{j}2\pi t)^n x(t)=(-\mathrm{j})^n(2\pi)^n[t^n\cdot x(t)] \Leftrightarrow \frac{\mathrm{d}^n X(f)}{\mathrm{d}f^n} \tag{2-46}$$

注：$X(f)=\displaystyle\int_{-\infty}^{+\infty} x(t)\mathrm{e}^{-\mathrm{j}2\pi ft}\mathrm{d}t$，$X(\omega)=\dfrac{1}{2\pi}\displaystyle\int_{-\infty}^{+\infty} x(t)\mathrm{e}^{-\mathrm{j}\omega t}\mathrm{d}t$，所以 $X(f)=2\pi\cdot X(\omega)$。

应用微分性质，可以方便地求出其他参数的频谱。

9. 积分性质

$$\int_{-\infty}^{t} x(t)\mathrm{d}t \Leftrightarrow \frac{1}{\mathrm{j}2\pi f}X(f) \tag{2-47}$$

$$F\left[\int_{-\infty}^{t} x(t)\mathrm{d}t\right]=\frac{1}{\mathrm{j}\omega}F[x(t)] \tag{2-48}$$

证明：因为 $\dfrac{\mathrm{d}}{\mathrm{d}t}\displaystyle\int_{-\infty}^{t} x(t)\mathrm{d}t=x(t)$，所以 $F\left[\dfrac{\mathrm{d}}{\mathrm{d}t}\displaystyle\int_{-\infty}^{t} x(t)\mathrm{d}t\right]=F\left[x(t)\right]$，又根据上述微分性质，

有 $F\left[\dfrac{\mathrm{d}}{\mathrm{d}t}\displaystyle\int_{-\infty}^{t}x(t)\mathrm{d}t\right]=\mathrm{j}\omega F\left[\displaystyle\int_{-\infty}^{t}x(t)\mathrm{d}t\right]$，故 $F\left[\displaystyle\int_{-\infty}^{t}x(t)\mathrm{d}t\right]=\dfrac{1}{\mathrm{j}\omega}F\left[x(t)\right]$。

在测量机械振动过程中，如果测得振动系统的位移、速度或加速度中一个参数的频谱，则利用微积分特性可得到另两个参数的频谱。

例 2-4　求微分积分方程 $ax'(t)+bx(t)+c\displaystyle\int_{-\infty}^{t}x(t)\mathrm{d}t=h(t)$ 的解，其中，$-\infty<t<+\infty$，a,b,c 均为常数。

根据傅里叶变换的微积分性质，且记 $F\left[x(t)\right]=X(\omega),F\left[h(t)\right]=H(\omega)$。

在方程式两边进行傅里叶变换，可得 $a\mathrm{j}\omega X(\omega)+bX(\omega)+\dfrac{c}{\mathrm{j}\omega}X(\omega)=H(\omega)$，

$$X(\omega)=\dfrac{H(\omega)}{b+\mathrm{j}\left(a\omega-\dfrac{c}{\omega}\right)}$$

再求上式的傅里叶逆变换，可得 $x(t)=\dfrac{1}{2\pi}\displaystyle\int_{-\infty}^{+\infty}X(\omega)\mathrm{e}^{\mathrm{j}\omega t}\mathrm{d}\omega$。

运用傅里叶变换的线性性质、微分性质以及积分性质，可以把线性常系数微分方程转化为代数方程，通过解代数方程与求傅里叶逆变换，就可以得到此微分方程的解。另外，傅里叶变换还是求解数学物理方程的方法之一，其计算过程与解常微分方程大体相似，此处不再举例说明。

2.5　数字信号处理

数字信号传输时具有较高的抗干扰性、易于存储和可以使用计算机处理等优点。数字信号处理已成为现代测试技术的一个重要组成部分。将模拟信号通过模数（analog-digital，A/D）转换变为离散的数字信号，在这一过程中涉及采样间隔与频率混叠、采样长度与频率分辨率、量化与量化误差、泄漏与窗函数等诸多方面。这些内容涉及的参数在使用某些测试仪器或编制测试软件时需要进行设置，所以本节从实用的角度对其进行简要介绍。

2.5.1　模拟信号的离散化

1. 采样与采样定理

1）采样定义

采样是指将连续的时域信号转变为离散时间序列的过程。采样在理论上是将模拟信号 $x(t)$ 与时间间隔为 T_s 的周期单位脉冲序列函数相乘，实质上是将模拟信号 $x(t)$ 按一定的时间间隔逐点取其瞬时值，使之成为离散信号。T_s 称为采样间隔，$f_s=1/T_s$ 称为采样频率。

2）采样定理

采样的重要问题是确定合理的采样间隔。一般来说，采样频率 f_s 越高，采样点越密，所获得的数字信号越逼近原信号。当采样长度 T 一定时，f_s 越高，数据量 $N = \tau/T_s$ 越大，所需的计算机存储量和计算量就越大；反之，当采样频率降低到一定程度，就会丢失或歪曲原来信号的信息。确定合理的采样间隔既可以保证采样所得的数字信号能真实地代表原来的模拟信号 $x(t)$，又不至于使数据量太大。

采样定理也称香农（Shannon）定理，给出了带限信号不丢失信息的最低采样频率为 $f_s \geqslant 2f_c$，式中 f_s 为原信号中的最高频率，若不满足此采样定理，将会产生频率混叠现象。

3）频率混叠

频率混叠是由于采样频率选取不当而出现高、低频率成分发生混淆的一种现象，如图 2-18 所示。图 2-18（a）给出的是信号 $x(t)$ 及其傅里叶变换 $X(f)$，其频带范围为 $-f_c \sim f_c$。图 2-18（b）给出的是采样信号 $x_s(t)$ 及其傅里叶变换，它的频谱是根据 δ 函数的卷积性质，将 $X(f)$ 在频域重新构图。图中表明：当满足采样定理，即 $f_s > 2f_c$ 时，谱图是相互分离的。而图 2-18（c）给出的是当不满足采样定理，即 $f_s < 2f_c$ 时，谱图相互重叠，使信号复原时产生混淆，即频率混叠现象。

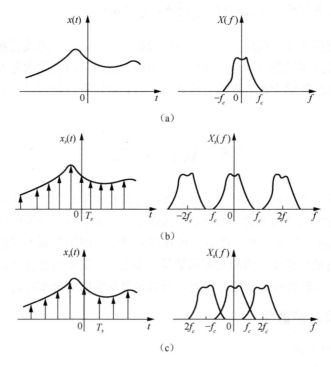

图 2-18　频率混叠

解决频率混叠的办法是：

（1）提高采样频率以满足采样定理，一般工程中取 $f_s \geqslant (3 \sim 4)f_c$。

（2）用低通滤波器滤掉不必要的高频成分以防止频率混叠的产生，此时的低通滤波器也称为抗混叠滤波器。

2. 采样长度与频率分辨率

当采样间隔 T_s 一定时，采样长度 T 越长，数据点数 N 就越大。为了减少计算量，T 不宜过长。但是若 T 过短，则不能反映信号的全貌，因为在进行傅里叶分析时，频率分辨率 Δf 与采样长度 T 成反比，即 $\Delta f = 1/T = 1/(NT_s)$。显然，需要综合考虑采样频率和采样长度的问题。

一般在工程信号分析中，采样点数 N 选取 2 的整数幂，使用较多的有 512、1024、2048 等。若分析频率取 $f_c = f_s/2.56 = 1/(2.56T_s)$，则各档频率分辨率为 $\Delta f = 1/NT_s = 2.56 f_c/N = (1/200, 1/400, 1/800) f_c$。例如，若采样频率 $f_s = 2560\text{Hz}$：当 $N=1024$ 时，$\Delta f = 2.5\text{Hz}$；当 $N=2048$ 时，$\Delta f = 1.25\text{Hz}$。

3. 量化与量化误差

将采样信号的幅值经过四舍五入方法离散化的过程称为量化。若采样信号可能出现的最大值为 A，令其分为 B 个间隔，则每个间隔 $\Delta x = A/B$，Δx 称为量化电平，每个量化电平对应一个二进制编码。当采样信号落在某一区间内，经过四舍五入而变为离散值时，则产生量化误差，其最大值是 $\pm 0.5\Delta x$。

量化误差的大小取决于 A/D 转换器的位数，其位数越高，量化电平越小，量化误差也越小。比如，若用 8 位的 A/D 转换器，8 位二进制数为 $2^8 = 256$，则量化电平为所测信号最大幅值的 1/256，最大量化误差为所测信号最大幅值的 $\pm 1/512$。

4. 泄漏与窗函数

（1）泄漏现象数字信号处理只能对有限长的信号进行分析运算，因此需要取合理的采样长度 T 对信号进行截断。截断是在时域将该信号函数与一个窗函数相乘。相应地，在频域中则是两函数的傅里叶变换相卷积。因为窗函数的带宽是无限的，所以卷积后将使原带限频谱扩展开来而占据无限频带，这种由于截断而造成的谱峰下降、频谱扩展的现象称为频谱泄漏。当截断后的信号再被采样，由于有泄漏就会造成频率混叠，因此泄漏是影响频谱分析精确度的重要因素之一。

（2）窗函数及其选用。如上所述，截断是必然的，频谱泄漏是不可避免的。如果增大截断长度 T，即加大窗宽，则窗谱主瓣 $W(\omega)$ 将变窄，主瓣以外的频率成分衰减较快，可减小频谱泄漏。但这样做将使数据量加大，且不可能无限增大窗宽，为此，可采用不同的时域窗函数来截断信号。分析表明，由于矩形窗函数的波形变化剧烈，因此其频谱中高频成分衰减慢，造成的频谱泄漏最为严重。若改用汉宁窗（Hanning window）、汉明窗（Hamming window），由于它们频谱中高频成分衰减快，将使泄漏减小。加窗的作用除了减少泄漏外，在某些场合还可抑制噪声，提高频率分辨能力。

工程测试中比较常用的窗函数有矩形窗、三角窗、汉宁窗、汉明窗和指数窗五种。它们的时域和频域的数学表达式、形状、性质等可参考有关文献。

关于窗函数的选择，应考虑被分析信号的性质与处理要求。在需要获得精确频谱主峰频率，而对幅值精确度要求不高时，可选用主瓣宽度比较窄且便于分辨的矩形窗，例如测量物体的自振频率等；如果分析窄带信号，且有较强的干扰、噪声，则应选用旁瓣幅度小的窗函数，如汉宁窗、三角窗等；对于随时间按指数衰减的函数，可采用指数窗来提高信噪比。

2.5.2　离散化傅里叶变换

傅里叶变换建立了时域函数和频域函数之间的关系，是频谱分析的数学基础。然而前面介绍的是连续信号的傅里叶变换，不适合于离散信号，无法在计算机上使用，必须研究针对离散信号的离散傅里叶变换（discrete Fourier transform，DFT）。

对模拟信号采样后得到一个 N 个点的时间序列 $x(n)$，它与 N 个点的频率序列 $X(k)$ 建立的 DFT 对如下：

$$X(k) = \sum_{n=0}^{N-1} x(n)\mathrm{e}^{-\mathrm{j}2\pi kn/N}, \quad k = 0, 1, 2, \cdots, N-1 \tag{2-49}$$

$$x(n) = \frac{1}{N}\sum_{k=0}^{N-1} X(k)\mathrm{e}^{\mathrm{j}2\pi kn/N}, \quad n = 0, 1, 2, \cdots, N-1 \tag{2-50}$$

上述的离散傅里叶变换对将 N 个时域采样点 $x(n)$ 与 N 个频率采样点 $X(k)$ 联系起来，建立了时域与频域的关系，提供了通过计算机进行傅里叶变换运算的一种数学方法。

由式（2-49）可以看出，对 N 个数据点作 DFT，需要 N^2 次复数相乘和 $N(N-1)$ 次复数相加。这个运算工作量是很大的，尤其是当 N 比较大时，如对于 $N=1024$ 点，需要一百多万次复数乘法运算，所需的运算时间太长，难以满足实时分析的需要。为了减少 DFT 很多重复的运算量，产生了快速傅里叶变换（fast Fourier transform，FFT）算法。若以 FFT 算法对 N 个点的离散数据进行傅里叶变换，需要 $\frac{N}{2}\log_2 N$ 次复数相乘和 $N\log_2 N$ 次复数相加，显然，运算量大大减少。

FFT 算法在谐波分析、快速卷积运算、快速相关分析、功率谱分析等方面已大量应用，并广泛应用于各个领域，已成为信号分析主要的工具之一。目前 FFT 算法已相当成熟，已有大量的计算机软件可以实现。

小　结

本章主要介绍了信号的概念、分类，并阐述了信号的时域表述和频域表述两种基本描述方法。对于周期信号，在介绍其离散频谱特征及几种强度表达形式基础上，阐述了利用傅里叶级数实现时域与频域的转换。对于非周期性信号，在介绍其连续频谱特征基础上，阐述了利用傅里叶变换实现时域与频域的转换。最后对数字信号处理进行了简单介绍。

复习思考题

1．信号分类的方法有哪些?

2．下面的信号是周期的吗?若是周期函数，请指明其周期。

（1）$x(t) = a\sin\left(\dfrac{\pi}{5}t\right) + b\cos\left(\dfrac{\pi}{3}t\right)$。

（2）$x(t) = a\sin\left(\dfrac{1}{6}t\right) + b\cos\left(\dfrac{\pi}{3}t\right)$。

（3）$x(t) = a\sin\left(\dfrac{3}{4}t + \dfrac{\pi}{3}\right)$。

（4）$x(t) = a\sin\left(\dfrac{\pi}{4}t + \dfrac{\pi}{5}\right)$。

3．求周期方波（题图 2-1）的傅里叶级数（三角函数形式和复指数函数形式），并画出频谱图。

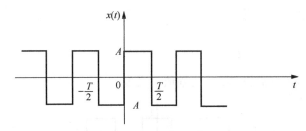

题图 2-1　周期性方波示意图

4．求单位阶跃函数［题图 2-2（a）］和符号函数［题图 2-2（b）］的频谱。

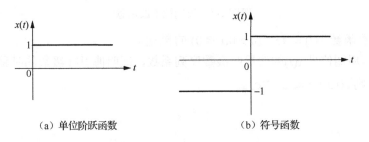

（a）单位阶跃函数　　　　　　　（b）符号函数

题图 2-2　瞬变信号波形示意图

提示：单位阶跃函数记作 $u(t)$，可先对 $\mathrm{e}^{-\lambda t}u(t)$（$\lambda > 0$）做傅里叶变换，变换后取极限 $\lambda \to 0$ 就得到单位阶跃函数的傅里叶变换。符号函数可看作是由阶跃函数平移坐标而得。

5．求被截断的余弦函数 $\cos(\omega t)$（题图 2-3）的傅里叶变换。

$$x(t) = \begin{cases} \cos(\omega t), & |t| < T \\ 0, & |t| \geq T \end{cases}$$

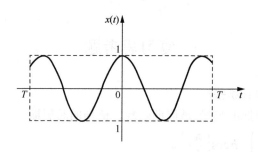

题图 2-3   被截断的余弦函数示意图

6. 求指数衰减振荡信号 $x(t) = \mathrm{e}^{-at}\sin(\omega t)$（题图 2-4）的频谱。

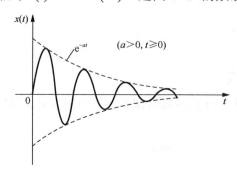

题图 2-4   指数衰减振荡信号示意图

7. 求周期性方波的（题图 2-5）的幅值谱密度。

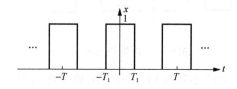

题图 2-5   周期性方波示意

8. 求指数函数 $x(t) = A\mathrm{e}^{-at}\ (a > 0, t \geqslant 0)$ 的频谱。

9. 设 c_n 为周期信号 $x(t)$ 的傅里叶级数序列系数，证明傅里叶级数的时移特性。即：若有 $x(t) \Leftrightarrow c_n$，则 $x(t \pm t_0) \Leftrightarrow \mathrm{e}^{\pm \mathrm{j}\omega t_0} c_n$。

第3章 测试系统及特性

测试技术的根本目的是实现不失真测试。测试系统的基本特性以及它与输入、输出之间的关系，将直接影响测试工作。测试系统的基本特性包括静态特性和动态特性。本章从测试系统的基本组成出发，分析测试系统的动、静态特性，进而掌握系统不失真测试的条件及典型测试系统在不失真测试时的动态性能。

通过对本章内容的学习，使学生了解测试系统的组成和基本要求，理解测试系统的动态指标，掌握测试系统中常用的方法，学会根据测试系统的动态特性分析系统的性能。

3.1 概 述

测试的目的和要求不同，所设计和选取的测试系统的复杂程度也不同。测试装置本身就是一个系统，所谓"系统"，通常是指一系列相关事物按一定联系组成能够完成人们指定任务的整体。这里所说的测试系统，依据所研究对象不同，含义的伸缩性很大。本章中所称的"测试系统"既可能是一个复杂装置的测试系统，也可能是指该测试系统的各组成环节，例如传感器、放大器、中间变换电路、记录器，甚至一个很简单 RC 滤波单元等。所以，测试系统有时指的是由许多环节组成的复杂测试装置，有时指的是测试装置中的单个环节。

测试过程是人们从客观事物中获取有关信息的认识过程。在这一过程中，需要利用专门的测试系统和适当的方法，对被测对象进行检测，以求得所需要的信息及其量值。对测试系统的基本要求是努力使测试系统的输出信号能够真实地反映被测物理量的变化过程，不使信号发生畸变，即实现不失真测试。任何测试系统都有其传输特性，如果输入信号用 $x(t)$ 表示，测试系统的传输特性用 $h(t)$ 表示，输出信号用 $y(t)$ 表示，则通常的工程测试问题就是处理 $x(t)$、$h(t)$ 和 $y(t)$ 三者之间的关系，如图 1-3 所示。

（1）若输入 $x(t)$ 和输出 $y(t)$ 是已知量，则通过输入、输出可推断出测试系统的传输特性 $h(t)$。

（2）若测试系统的传输特性 $h(t)$ 已知，输出 $y(t)$ 也已测得，则通过 $h(t)$ 和 $y(t)$ 可推断出对应于该输出的输入信号 $x(t)$。

（3）若输入信号 $x(t)$ 和测试系统的传输特性 $h(t)$ 已知，则可推断出测试系统的输出信号 $y(t)$。

一个完善的测试系统通常由若干个不同功能的环节所组成，主要包括试验装置、测试装置（传感器、中间变换器）、数据处理装置及显示或记录装置，如图 3-1 所示。

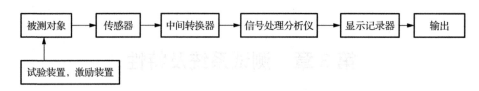

图 3-1 测试系统的组成

当测试的目的和要求不同时，以上四个部分并非全部包括。如简单的温度测试系统只需要一个液柱式温度计，它既包含了测量功能，又包含了显示功能。而用于测量机械构件频率响应的测试系统则是一个相当复杂的多环节系统。

可见，在测试工作中，整个测试系统不仅包括研究对象，也包括测试装置，因此，要想从测试结果中正确评价研究对象的特性，首先要确知测试系统的特性。

理想的测试系统应该具有单值的、确定的输入、输出关系。其中以输出和输入呈线性关系为最佳。在静态测试中，用曲线校正或输出补偿技术做非线性校正尚不困难，而在动态测试中做非线性校正目前还相当困难，所以，测试系统理论上力求是线性系统，只有这样才能进行比较完善的数学处理与分析。对于一些实际测试系统，不可能在较大的工作范围内完全保持线性，只能在一定的工作范围内和一定的误差允许范围内做线性处理。

测试系统的基本特性以及它与输入、输出之间的关系将直接影响测试工作。测试系统的基本特性包括静态特性和动态特性。当被测量为恒定值或为缓变信号时，通常只考虑测试系统的静态性能，而当对迅速变化的量进行测量时，就必须全面考虑测试系统的动态特性和静态特性。只有当其满足一定要求时，才能从测试系统的输出中正确分析、判断其输入的变化，从而实现不失真测试。

3.2 测试系统的基本特性

在测试工作中，作为整个测试系统，它不仅包括了研究对象，还包括了测试装置，因此要想从测试结果中正确评价研究对象的特性，首先要确定测试系统的特性。当被测量为恒定值或缓变信号时，通常只考虑测试系统的静态性能，而当对迅速变化的量进行测量时，就必须全面考虑测试系统的动态特性和静态特性。只有当其满足一定要求时，才能从测试系统的输出中正确分析、判断其输入的变化，从而实现不失真测试。

虽然描述测试系统这两种特性的参数不一样，但它们是相互联系和影响的，也就是说，一个静态特性差的测试系统，很难想象其动态特性会好。测试系统的特性分析，实际上就是研究测试系统本身及系统的输入信号、输出信号三者之间的关系。

3.2.1 测试系统的输入与输出特性

在对线性系统动态特性的研究中，通常是用线性微分方程来描述其输入 $x(t)$ 与输出 $y(t)$ 之间的关系，即

$$a_n \frac{\mathrm{d}^n y(t)}{\mathrm{d}t} + a_{n-1} \frac{\mathrm{d}^{n-1} y(t)}{\mathrm{d}t^{n-1}} + \cdots + a_1 \frac{\mathrm{d}y(t)}{\mathrm{d}t} + a_0 y(t) = b_m \frac{\mathrm{d}^m x(t)}{\mathrm{d}t^m} + b_{m-1} \frac{\mathrm{d}^{m-1} x(t)}{\mathrm{d}t^m} + \cdots + b_1 \frac{\mathrm{d}x(t)}{\mathrm{d}t} + b_0 x(t)$$

$$\text{（3-1）}$$

对实际系统来说，式中 $m \leqslant n$。

当 $a_n, a_{n-1}, \cdots, a_1, a_0$ 和 $b_m, b_{m-1}, \cdots, b_1, b_0$ 均为常数时，上述方程为常系数微分方程，其所描述的系统为线性时不变系统。

下面以 $x(t) \rightarrow y(t)$ 来表述线性时不变系统的输入、输出的对应关系，来讨论其所具有的一些主要性质。

1. 叠加特性

输入之和的输出为原输入中各个所得输出之和，即若 $x_1(t) \rightarrow y_1(t), x_2(t) \rightarrow y_2(t)$，则

$$[x_1(t) + x_2(t)] \rightarrow [y_1(t) + y_2(t)] \tag{3-2}$$

叠加特性表明同时作用于系统的几个输入量所引起的特性，等于各个输入量单独作用时引起的输出之和。这也表明线性系统的各个输入量所产生的响应过程互不影响。

2. 比例特性

常数倍输入的输出等于原输入所得输出乘以相同倍数。即若 $x(t) \rightarrow y(t)$ 且 c 为常数，则

$$cx(t) \rightarrow cy(t) \tag{3-3}$$

比例特性又称均匀性或其次性。它表明当输入增加时，其输出也以输入增加的同样比例增加。

3. 微分特性

输入微分的输出等于原输入所得输出的微分。即若 $x(t) \rightarrow y(t)$，则

$$\frac{\mathrm{d}x(t)}{\mathrm{d}t} \rightarrow \frac{\mathrm{d}y(t)}{\mathrm{d}t} \tag{3-4}$$

微分特性表明，系统对输入微分的响应等同于对原信号输出的微分。

4. 积分特性

输入积分的输出等于原输入所得输出的积分。即若 $x(t) \rightarrow y(t)$，则

$$\int_0^t x(t)\mathrm{d}t \rightarrow \int_0^t y(t)\mathrm{d}t \tag{3-5}$$

积分特性表明，如果系统的初始状态为零，则系统对输入积分的响应等同于原输入响应的积分。

5. 频率保持特性

系统的输入为某一频率的简谐激励时，系统的稳态输出为同一频率的简谐运动，且输入、输出的幅值比及相位差不变。若 $x(t) \rightarrow y(t)$，根据线性时不变系统的比例特性和微分特性，得

$$\left[\frac{\mathrm{d}^2 x(t)}{\mathrm{d}t^2} + \omega^2 x(t)\right] \rightarrow \left[\frac{\mathrm{d}^2 y(t)}{\mathrm{d}t^2} + \omega^2 y(t)\right]$$

当 $x(t) = x_0 \mathrm{e}^{\mathrm{j}\omega t}$ 时，有

$$\frac{\mathrm{d}^2 x(t)}{\mathrm{d}t^2} = (\mathrm{j}\omega)^2 x_0 \mathrm{e}^{\mathrm{j}\omega t} = -\omega^2 x(t)$$

$$\frac{\mathrm{d}^2 x(t)}{\mathrm{d}t^2} + \omega^2 x(t) = 0$$

则其输出：

$$\frac{\mathrm{d}^2 y(t)}{\mathrm{d}t^2} + \omega^2 y(t) = 0$$

$y(t)$ 的唯一解为

$$y(t) = y_0 \mathrm{e}^{\mathrm{j}(\omega t + \varphi)} \tag{3-6}$$

频率保持特性是线性系统一个很重要的特性，用试验的方法研究系统的响应特性就是基于这个性质。根据线性时不变系统的频率保持特性，如果系统的输入为一纯正弦函数，其输出却包含有其他频率成分，则可以断定，这些其他频率成分绝不是由输入引起，它们或是由外界干扰引起，或是由系统内部噪声引起，或是输入太大使系统进入非线性区，或是系统中有明显的非线性环节。

3.2.2　测试系统的静态特性

对测试系统而言，当被测量不随时间而变化时，则其输入、输出的各阶导数为零，则式（3-1）可化简为

$$y = \frac{b_0}{a_0} x = Sx \tag{3-7}$$

将在这一关系的基础上所确定测试系统的性能参数称为测试系统的静态特性，S 为常数。描述测试系统静态特性的主要参数有线性度、灵敏度、回程误差等。

1. 线性度

线性度为测试系统的标定曲线对理论拟合直线的最大偏差 B 与满量程 A 的百分比，即

$$线性度 = \frac{B}{A} \times 100\% \qquad (3\text{-}8)$$

图 3-2 为线性度定义的图解。线性度是测试系统静态特性的基本参数之一，是以一定的拟合直线作为基准直线计算的，选取不同的基准直线，得到不同的线性度数值。基准直线的确定有多种准则，比较常用的一种准则是基准直线与标定曲线间偏差的均方值保持最小且通过原点。

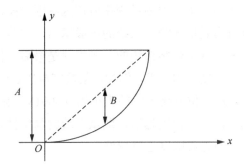

图 3-2　标定曲线与线性度图

在测试过程中，总希望测试系统具有比较好的线性，因此总要设法消除或减少测试系统中的非线性因素。例如，改变气隙厚度的电感传感器和极距变化型电容传感器，由于它们的输出与输入成双曲线关系，从而造成比较大的非线性误差。因此，在实际应用中，通常做成差动式，以消除其非线性因素，从而使其线性得到改善。又如，为了减小非线性误差，在非线性元件后面引用另一个非线性元件以使整个系统的特性曲线接近于直线。另外，采用高增益负反馈环节消除非线性误差，也是经常被采用的一种有效方式，高增益负反馈环节不仅可以用来消除非线性误差，而且可以用来消除环境的影响。

2. 灵敏度

灵敏度为测试系统的输出量与输入量变化之比（图 3-3），即

$$S = \frac{\Delta y}{\Delta x} \qquad (3\text{-}9)$$

可见，灵敏度为测试系统输入、输出特性曲线的斜率，而能用式（3-9）表示的测试系统的输入、输出呈直线关系。这时，测试系统的灵敏度为一常数，即 $S = b_0/a_0$。若测试系统的输出与输入为同量纲量，其灵敏度就是无量纲量，常称为"放大倍数"。

例如，有一位移传感器，每给 $1\,\mu m$ 的位移量（输入信号的变化量），能得到 $0.2mV$ 的输出，则其灵敏度为 $S = 0.2mV/\mu m$。

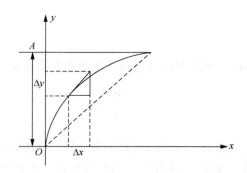

图 3-3   灵敏度

描述测试系统对被测量变化的反应能力也常用鉴别力阈或分辨力表示。引起测试系统输出值产生一个可察觉变化的最小的被测量变化值称为鉴别力阈，它用来描述系统对输入微小变化的响应能力。分辨力是描述测试系统的一般术语，它是指输出指示系统有效地辨别紧密相邻量值的能力。一般规定数字系统的分辨力就是最后一位变化一个字的大小，模拟系统的分辨力是指示标尺分度值的一半。例如，某数字电压表的量程为 2V，最大读数为 1.9999V（五位半数字表），最末位变化一位的大小为 0.0001V，则其分辨力为 0.1mV。

应该指出，灵敏度越高，测量范围越窄，测试系统的稳定性也就越差。因此，应合理选择测试系统的灵敏度，而不是灵敏度越高越好。

3. 回程误差

就某一测试系统而言，当其输入由小变大再由大变小时，对同一输入值来说，可能得到大小不同的输出值，所得到的输出值最大差值与满量程输出的百分比称为回程误差，即

$$\delta_{\mathrm{H}} = \frac{y_{20} - y_{10}}{A} \times 100\% \tag{3-10}$$

图 3-4 为回程误差定义的图解。产生回程误差的原因可归纳为系统内部各种类型的摩擦、间隙以及某些机械材料（弹性元件）和电磁材料（磁性元件）的滞后特性。

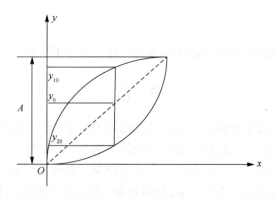

图 3-4   回程误差

4. 其他表征测试系统的指标

1）精确度

精确度表示测试系统的测量结果与被测量真值的接近程度，反映测量的总误差。作为技术指标，常用相对误差和引用误差来表示。

2）漂移

测试系统的测试特性随时间的缓慢变化称为漂移。在规定条件下，对一个恒定的输入在规定时间内的输出变化称为点漂。当输入量为零时测试系统输出值的漂移称为零点漂移，简称零漂。随环境温度变化所产生的漂移称为温漂。

3）信噪比

信号功率与噪声功率之比或信号电压与噪声电压之比称为信噪比，单位为 dB，即

$$SNR = 10\lg \frac{N_s}{N_n} = 20\lg \frac{V_s}{V_n} \tag{3-11}$$

式中，　N_s ——信号功率；

　　　　N_n ——噪声功率；

　　　　V_s ——信号电压；

　　　　V_n ——噪声电压。

信噪比是测试系统的一个重要特性参数，优化测试系统本身特性，重要的一点就是必须注意提高系统的信噪比。

4）测量范围

测量范围指测试系统能够进行正常测试的工作量值范围。若为动态测试系统，必须表明其在允许误差内正常工作的频率范围。

5）动态范围

动态范围指系统不受各种噪声影响而能获得不失真输出的测量上下限之比，常用分贝值来表示，即

$$DR = 20\lg \frac{y_{\max}}{y_{\min}} \tag{3-12}$$

式中，　$y_{\max}$ ——系统的测量上限；

　　　　$y_{\min}$ ——系统的测量下限。

以上所述的各项描述测试系统静态特性参数都是以理想的传输特性 $y = \dfrac{b_0}{a_0} x = Sx$ 为参考基准的性能指标，即都基于 $S = \dfrac{b_0}{a_0}$ 是否为常值来考虑。而 b_0、a_0 两个系数是分析静态特性指标所必需的，两者从根本上讲是由测试系统机械或电气结构参数所决定的。对于那些用于静态测试的测试系统，一般只需利用静态特性指标来描述系统的特性，而在动态测试

过程中，不仅需要用静态特性指标，而且必须采用动态特性指标来描述测试系统的测试性能，所以良好的静态特性是实现不失真动态测试的前提。图 3-5 表明测试系统非线性度的存在对动态测试的影响。

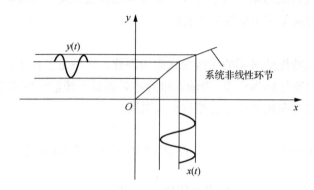

图 3-5　非线性度对测试系统动态输出的影响

3.3　测试系统的动态特性

在动态测试中，输出量的变化不仅受研究对象动态特性的影响，同时也受测试系统动态特性的影响，是两者综合影响的结果。因此，掌握测试系统的动态特性具有重要意义。

当输入量随时间变化时，测试系统所表现出的响应特性称为测试系统的动态特性。测试系统的动态特性好坏主要取决于测试系统本身的结构，而且与输入信号有关。所以描述测试系统的特性实质上就是建立输入信号、输出信号和测试系统结构参数三者之间的关系。即把测试系统这个物理系统抽象成数学模型，而不管其输入输出量的物理特性（不管是机械量、电量或热学量等），分析输入信号与响应信号之间的关系。

传递函数、频率响应函数和脉冲响应函数是对测试系统进行动态特性描述的三种基本方法，从不同角度表示测试系统的动态特性，三者之间既有联系又各有特点。

3.3.1　传递函数

1. 传递函数的概念

由式（3-1），在一般情况下，线性系统的激励与响应所满足的关系可用下列微分方程来表示：

$$a_n y^{(n)} + a_{n-1} y^{(n-1)} + a_{n-2} y^{(n-2)} + \cdots + a_1 y' + a_0 y$$
$$= b_m x^{(m)} + b_{m-1} x^{(m-1)} + b_{m-2} x^{(m-2)} + \cdots + b_1 x' + b_0 x \tag{3-13}$$

式中，$a_0, a_1, \cdots, a_n, b_0, b_1, \cdots, b_m$ 均为常数；m, n 为正整数，$n \geqslant m$。

设 $L[y(t)] = Y(s), L[x(t)] = X(s)$，根据拉普拉斯变换的微分性质，有

$$L[a_k y^{(k)}] = a_k s^k Y(s) - a_k [s^{k-1} y(0) + s^{k-2} y'(0) + s^{k-3} y''(0) + \cdots + y^{(k-1)}(0)], \quad k = 0, 1, 2, \cdots, n$$

$$L[b_k x^{(k)}] = b_k s^k X(s) - b_k [s^{k-1} x(0) + s^{k-2} x'(0) + s^{k-3} x''(0) + \cdots + y^{(k-1)}(0)], \quad k = 0, 1, 2, \cdots, m$$

对式（3-13）两边取拉普拉斯变换并通过整理，可得

$$D(s)Y(s) - M_{hy}(s) = M(s)X(s) - M_{hx}(s)$$

若令 $H(s) = \dfrac{M(s)}{D(s)}, G_h(s) = \dfrac{M_{hy}(s) - M_{hx}(s)}{D(s)}$，则式（3-13）可写成

$$Y(s) = H(s)X(s) + G_h(s) \tag{3-14}$$

式中，

$$H(s) = \frac{b_m s^m + b_{m-1} s^{m-1} + \cdots + b_1 s + b_0}{a_n s^n + a_{n-1} s^{n-1} + \cdots + a_1 s + a_0} \tag{3-15}$$

$H(s)$ 被称为系统的传递函数。它表达了系统本身的特性，而与激励及系统的初始状态无关，但 $G(s)$ 则由激励和系统本身的初始条件所决定，若这些初始条件全为零，即 $G(s)=0$ 时，式（3-14）可写成

$$Y(s) = H(s) \cdot X(s) \qquad \text{或} \qquad H(s) = \frac{Y(s)}{X(s)} \tag{3-16}$$

即

$$H(s) = \frac{Y(s)}{X(s)} = \frac{b_m s^m + b_{m-1} s^{m-1} + \cdots + b_1 s + b_0}{a_n s^n + a_{n-1} s^{n-1} + \cdots + a_1 s + a_0} \tag{3-17}$$

显然，只有在零初始条件下，系统的传递函数才等于其响应的拉普拉斯变换与其激励的拉普拉斯变换之比。如果系统的传递函数已知，通过系统的激励，则可按式（3-16）或式（3-17）求出其响应的拉普拉斯变换，再通过拉普拉斯逆变换可得其响应 $y(t)$。$x(t)$ 和 $y(t)$ 之间的关系可用图 1-3 来描述。

传递函数是一种用来描述测试系统传输、转换特性的数学模型，式（3-17）中的 n 代表了系统微分方程的阶数。对于线性时不变系统，传递函数具有如下特点：

（1）$H(s)$ 是"比值"，它由 $a_n, a_{n-1}, \cdots, a_0$ 和 $b_m, \cdots, b_1, b_0$ 等综合确定，是复变量 s 的有理分式（一般 $m \leq n$），它只反映测试系统的传输特性。由 $H(s)$ 所描述的测试系统，对任意一个具体的输入信号 $x(t)$ 都可确定地给出相应的输出信号及其量纲。

（2）$H(s)$ 是将实际的物理系统抽象为数学模型，再经过拉普拉斯变换后得到的。它只反映测试系统的传递、转换和响应特性，而与具体物理结构无关。同一形式的传递函数可表征两个完全不同的物理系统。例如，液柱式温度计和简单的 RC 低通滤波器同为一阶系统。再如，动圈式电表、光线示波器的振子和简单的弹簧质量系统均是二阶系统。

（3）$H(s)$ 中的分母完全出测试系统（包括被测对象和测试系统）的结构决定，而其分子则和输入（激励）点的位置及测点的布置情况等有关，与系统的输入及初始条件无关。

2. 串联、并联的运算法则

如果测试系统包含两个串联元件，其传递函数分别为 $H_1(s)$ 和 $H_2(s)$，则总的传递函数为

$$H(s) = \frac{Y(s)}{X(s)} = \frac{Z(s)}{X(s)} \cdot \frac{Y(s)}{Z(s)} = H_1(s) \cdot H_2(s) \tag{3-18}$$

如果测试系统包含两个并联元件，其传递函数分别为 $H_1(s)$ 和 $H_2(s)$，则其总的传递函数为

$$H(s) = \frac{Y(s)}{X(s)} = \frac{Y_1(s) + Y_2(s)}{X(s)} = H_1(s) + H_2(s) \tag{3-19}$$

由上述结论便可推导出多个元件串联、并联所组成的测试系统的传递函数。对于 n 个元件串联组成的系统，其传递函数为

$$H(s) = \prod_{i=1}^{n} H_i(s) \tag{3-20}$$

对于 n 个元件并联组成的系统，其传递函数为

$$H(s) = \sum_{i=1}^{n} H_i(s) \tag{3-21}$$

组成测试系统的各功能部件多为一阶系统或二阶系统，如果抛开具体物理结构，则一阶系统的微分方程为

$$a_1 \frac{\mathrm{d}y(t)}{\mathrm{d}t} + a_0 y(t) = b_0 x(t) \tag{3-22}$$

或

$$\tau \frac{\mathrm{d}y(t)}{\mathrm{d}t} + y(t) = Sx(t) \tag{3-23}$$

式中，τ——时间常数；

S——灵敏度。

采取灵敏度归一化，即令 $S=1$，式（3-23）的拉普拉斯变换为

$$\tau s Y(s) + Y(s) = X(s) \tag{3-24}$$

故一阶系统的传递函数为

$$H(s) = \frac{Y(s)}{X(s)} = \frac{1}{\tau s + 1} \tag{3-25}$$

对于二阶系统，其微分方程为

$$a_2 \frac{d^2 y(t)}{dt^2} + a_1 \frac{dy(t)}{dt} + a_0 y(t) = b_0 x(t)$$ （3-26）

或

$$\frac{1}{\omega_n^2} \frac{d^2 y(t)}{dt^2} + \frac{2\xi}{\omega_n} \frac{dy(t)}{dt} + y(t) = Sx(t)$$ （3-27）

式中，ω_n——固有频率；

$\qquad \xi$——阻尼比；

$\qquad S$——灵敏度。

在灵敏度归一化的情况下，对式（3-27）进行拉普拉斯变换为

$$\frac{1}{\omega_n^2} s^2 Y(s) + \frac{2\xi}{\omega_n} s Y(s) + Y(s) = X(s)$$

故二阶系统的传递函数为

$$H(s) = \frac{Y(s)}{X(s)} = \frac{1}{\frac{1}{\omega_n^2} s^2 + \frac{2\xi}{\omega_n^2} s + 1}$$ （3-28）

3.3.2　频率响应函数

1. 频率响应函数的概念

当系统输入各个不同频率的正弦信号时，其稳态输出与输入的复数比称为系统的频率响应函数，记作 $H(j\omega)$。即当系统输入正弦函数：

$$x(t) = X_0 \sin(\omega t)$$ （3-29）

用复数表示则为

$$x(t) = X_0 \mathrm{Im} e^{j\omega t}$$ （3-30）

式中，Im——复数的虚部的符号。

对于线性定常系统而言，根据其频率保持特性可知，系统的输出 $y(t)$ 应为

$$y(t) = Y_0 \sin(\omega t + \varphi)$$ （3-31）

用复数表示则为

$$y(t) = Y_0 \mathrm{Im} e^{j(\omega t + \varphi)}$$ （3-32）

以式（3-31）和式（3-32）代入式（3-1）就可得到系统在 $x(t)$ 的作用下，输出达到稳态后，其输出与输入的复数比为

$$H(\omega) = \frac{b_m(j\omega)^m + b_{m-1}(j\omega)^{m-1} + \ldots + b_1(j\omega) + b_0}{a_m(j\omega)^m + a_{m-1}(j\omega)^{m-1} + \ldots + a_1(j\omega) + a_0} \tag{3-33}$$

在式（3-33）中，通常以 $H(\omega)$ 代替 $H(j\omega)$，以求书写上的简化。

将 $H(\omega)$ 化作代数形式为

$$H(\omega) = P(\omega) + jQ(\omega) \tag{3-34}$$

则 $P(\omega)$ 和 $Q(\omega)$ 就都是 ω 的实函数，所画出的 $P(\omega)$-ω 曲线和 $Q(\omega)$-ω 曲线分别称为该系统的实频特性曲线和虚频特性曲线。

将 $H(\omega)$ 化作指数形式为

$$H(\omega) = A(\omega)e^{j\omega} \tag{3-35}$$

则

$$A(\omega) = |H(\omega)| = \sqrt{P^2(\omega) + Q^2(\omega)} \tag{3-36}$$

$A(\omega)$ 称为系统的幅频特性，其曲线 $A(\omega)$-ω 称为幅频特性曲线。

$$\varphi(\omega) = \arctan\frac{Q(\omega)}{P(\omega)} \tag{3-37}$$

式中，$\varphi(\omega)$——相频特性曲线。

2. 一阶、二阶系统的频率响应函数

当系统输入为正弦信号时，由一阶、二阶系统的传递函数可得到其频率响应函数，进而确定其幅频特性和相频特性。

由前面所求结果，一阶系统的频率响应函数为

$$H(\omega) = \frac{1}{j\tau\omega + 1} = \frac{1}{1 + (\tau\omega)^2} - j\frac{\tau\omega}{1 + (\tau\omega)^2} \tag{3-38}$$

式中，τ——时间常数。

幅频特性：

$$A(\omega) = \frac{1}{\sqrt{(\omega\tau)^2 + 1}} \tag{3-39}$$

相频特性：

$$\varphi(\omega) = -\arctan(\omega\tau) \tag{3-40}$$

例 3-1 某一阶系统的时间常数 τ =6ms，试求相应于 $\omega\tau$ =1 时的频率？若输入为此频率的正弦信号，则其实际输出的幅值误差是多少？

解：因为 $\omega\tau$ =1，故 $\omega = \dfrac{1}{\tau}$，则

$$\omega = \frac{1}{6\times 10^{-3}} = 166.7\,\text{rad}\,/\text{s}$$

对应于 $\omega\tau$ =1 的频率为

$$f = \frac{\omega}{2\pi} = \frac{166.7}{2\pi} = 26.5\,\text{Hz}$$

将 $\omega\tau$ =1 代入式（3-39），得

$$A(\omega) = \frac{1}{\sqrt{1+(\tau\omega)^2}} = \frac{1}{\sqrt{2}} \approx 0.7$$

则输出的幅值误差为 30%。

二阶系统的频率响应函数为

$$H(\omega) = \frac{1}{1-\left(\dfrac{\omega}{\omega_n}\right)^2 + 2\text{j}\zeta\dfrac{\omega}{\omega_n}} \tag{3-41}$$

式中，ω_n——固有频率；

ζ——阻尼比。

幅频特性：

$$A(\omega) = \frac{1}{\sqrt{\left[1-\left(\dfrac{\omega}{\omega_n}\right)^2\right]^2 + 4\zeta^2\left(\dfrac{\omega}{\omega_n}\right)^2}} \tag{3-42}$$

相频特性：

$$\varphi(\omega) = -\arctan\frac{2\zeta\dfrac{\omega}{\omega_n}}{1-\left(\dfrac{\omega}{\omega_n}\right)^2} \tag{3-43}$$

频率响应函数 $H(\omega)$ 是输入信号频率 ω 的复变函数，当 ω 从零渐渐增大到无穷大时，其端点在复平面上所形成的轨迹称为奈奎斯特图。图 3-6 和图 3-7 分别是一阶系统和二阶系统的奈奎斯特图。

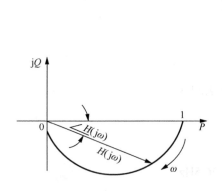

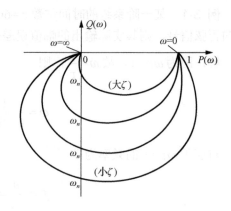

图 3-6　一阶系统的奈奎斯特图　　　　　图 3-7　二阶系统的奈奎斯特图

形式上将传递函数中的 s 换成 $j\omega$ 便得到了频率响应函数，但必须注意两者的含义是不同的。传递函数是输出与输入的拉普拉斯变换之比，其输入并不限于正弦激励，而且传递函数不仅决定着测试系统的稳态性能，也决定了它的瞬态性能。频率响应函数是在正弦信号作用下，其稳态输出与输入之间的关系。

频率响应函数及其模值和相角的自变量可以是角频率 ω，也可以是频率 f，两者均可使用。

例 3-2　有一力传感器，经简化后为一个二阶系统。已知其固有频率 f_n=1000Hz，阻尼比 ζ =0.7，若用它测量频率分别为 600Hz 和 400Hz 的正弦交变力，问输出与输入的幅值比和相位差各为多少？

解：应用式（3-41）和式（3-42）的幅频特性和相频特性表达式，可得以下内容。

当输入信号的频率 f=600Hz 时，$\dfrac{f}{f_n}=\dfrac{600}{1000}=0.6$。则

$$A(\omega) = \frac{1}{\sqrt{(1-0.6^2)^2 + 4\times 0.7^2 \times 0.6^2}} = 0.95$$

$$\varphi(\omega) = -\arctan \frac{2\times 0.7 \times 0.6}{1-0.6^2} = -52.7^\circ = -0.92\text{rad}$$

当输入信号的频率 f=400Hz 时，$\dfrac{f}{f_n}=\dfrac{400}{1000}=0.4$。则

$$A(\omega) = \frac{1}{\sqrt{(1-0.4^2)^2 + 4\times 0.7^2 \times 0.4^2}} = 0.99$$

$$\varphi(\omega) = -\arctan \frac{2\times 0.7 \times 0.4}{1-0.4^2} = -33.7^\circ = -0.59\text{rad}$$

可见，用该传感器测试 $\dfrac{\omega}{\omega_n} \leqslant 0.6$ 这一频率段的信号时，幅值误差最大不超过 5%，而

测试 $\dfrac{\omega}{\omega_n} \leqslant 0.4$ 这一频率段的信号时，幅值误差最大不超过 1%。

该传感器的输出信号相对于输入信号的滞后时间为

$$T_{f=600} = \frac{|\varphi(\omega)|}{\omega} = \frac{920}{2\pi \times 600} = 0.24\text{ms}$$

$$T_{f=400} = \frac{|\varphi(\omega)|}{\omega} = \frac{590}{2\pi \times 400} = 0.23\text{ms}$$

这说明，当 $\dfrac{\omega}{\omega_n} \leqslant 0.6$ 时，各个频率通过此传感器后，输出信号的滞后时间接近于常数。

3.3.3　脉冲响应函数

1. 脉冲响应函数的概念

若输入为单位脉冲，即 $x(t)=\delta(t)$，则 $X(s)=L[\delta(t)]=1$。系统的相应输出将是 $Y(s)=H(s)\cdot X(s)=H(s)$。这时，系统的时域描述即可通过对 $Y(s)$ 进行拉普拉斯反变换求得

$$y(t) = L^{-1}\big[H(s)\big] = h(t) \tag{3-44}$$

把系统对单位脉冲输入的响应 $h(t)$ 称为该系统的脉冲响应函数，也叫权函数，它是系统动态特性的时域描述。

事实上，理想的单位脉冲输入是不存在的。工程上，常把作用时间小于 $\dfrac{1}{10\tau}$（τ 为一阶系统的时间常数或二阶系统的振荡周期）的短暂的冲击输入近似地认为是单位脉冲输入，则系统频域描述就是系统的频率响应函数，时域描述就是系统的脉冲响应函数。

2. 一阶系统和二阶系统的脉冲响应函数

分别对一阶系统的传递函数和二阶系统的传递函数求拉普拉斯反变换，即可得一阶系统和二阶系统的脉冲响应函数。

一阶系统的脉冲响应函数为

$$h(t) = L^{-1}[H(s)] = \frac{1}{2\pi\text{j}} \int_{\beta-\text{j}\infty}^{\beta+\text{j}\infty} H(s)\text{e}^{st}\text{d}s = \frac{1}{2\pi\text{j}} \int_{\beta-\text{j}\infty}^{\beta+\text{j}\infty} \frac{\text{e}^{st}}{\tau s+1}\text{d}s = \frac{1}{\tau}\text{e}^{-t/\tau} \tag{3-45}$$

其初始值为 $\dfrac{1}{\tau}$，初始斜率为 $-\dfrac{1}{\tau^2}$。

二阶系统的脉冲响应函数随着 ζ 的取值不同而有所不同。

当 $\zeta > 1$ 时，其脉冲响应函数为

$$h(t) = \frac{\omega_n}{2\sqrt{\zeta^2-1}}\left[\mathrm{e}^{-\left(\zeta-\sqrt{\zeta^2-1}\right)\omega_n t} - \mathrm{e}^{-\left(\zeta+\sqrt{\zeta^2-1}\right)\omega_n t}\right] \tag{3-46}$$

当 $\zeta = 1$ 时，其脉冲响应函数为

$$h(t) = \omega_n^2 t \mathrm{e}^{-\omega_n t} \tag{3-47}$$

当 $0 < \zeta < 1$ 时，其脉冲响应函数为

$$h(t) = \frac{\omega_n}{\sqrt{1-\zeta^2}}\mathrm{e}^{-\zeta\omega_n t}\sin\left(\sqrt{1-\zeta^2}\,\omega_n t\right) \tag{3-48}$$

图 3-8 为当 $0 < \zeta < 1$ 时二阶系统的脉冲响应曲线。

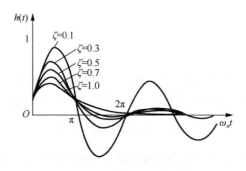

图 3-8　二阶系统脉冲响应曲线

综上所述，$H(s)$、$h(t)$、$H(\mathrm{j}\omega)$ 分别为在复数域、时域和频域中对测试系统动态特性的描述。$h(t)$ 和 $H(s)$ 是拉普拉斯变换对，$h(t)$ 和 $H(\mathrm{j}\omega)$ 是傅里叶变换对。

3. 测试系统对任意输入信号的时域响应

若测试系统的输入信号 $x(t)$ 为任意信号时，其相应的输出信号为 $y(t)$。若已知 $x(t)$ 时，从理论上求取 $y(t)$ 的基本思路如下所示。

（1）先将输入信号 $x(t)$ 按时间轴等分为很多宽度为 Δt 的矩形脉冲信号。它们处于时间轴的不同位置 t_i 上，同时，各自对应的纵坐标值为 $x(t_i)$。

（2）用很多离散值 $x(t_i)$ 近似地表达原输入信号 $x(t)$，则 $x(t)$ 表示 $x(t)$ 曲线下的面积，这个面积可用很多小窄条矩形面积 $x(t_i)\Delta t$ 之和近似表达。

（3）求出测试系统对各小窄条矩形输入信号（脉冲信号）的响应，那么，将所有各小窄条矩形输入信号的响应叠加起来，近似地求出测试系统对输入信号 $x(t)$ 的总响应 $y(t)$。

（4）若将输入信号 $x(t)$ 的分割宽度 Δt 无限地缩小，则其 $\sum\limits_{\substack{i=0 \\ \Delta t\to 0}}^{t} x(t_i)$ 将非常接近原输入信号 $x(t)$，很显然，其响应的总和也将非常接近 $x(t)$ 的真实响应。

若已知 $x(t)$，求取 $y(t)$ 的具体方法如下。

（1）单位脉冲响应函数 $\delta(t)$ 是在 t 轴坐标原点上的一个脉冲，其面积为 1，如图 3-9 所示。将 $\delta(t)$ 信号输入测试系统后，当初始状态为零时，它所引起的输出（响应）为 $h(t)$，称 $h(t)$ 为单位脉冲响应函数。它是测试系统传递特性的时域描述。

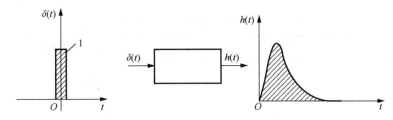

图 3-9　单位脉冲响应

（2）若相对于坐标原点有时移 t_i 的单位脉冲信号 $\delta(t-t_i)$，则其响应为 $h(t-t_i)$。

（3）根据比例特性。若将位于坐标原点上的面积为 $x(0)\Delta t$ 的小窄条矩形脉冲信号 $x(0)\Delta t\delta(t)$ 输入测试系统，则它所引起的测试系统响应即为 $x(0)\Delta t h(t)$。

（4）若其位置偏离坐标原点的值为 t_i，则面积为 $x(t_i)\Delta t$ 的小窄条矩形脉冲信号应是 $x(t_i)\Delta t\delta(t-t_i)$，将其输入测试系统后，它所引起的响应为 $x(t_i)\Delta t h(t-t_i)$。

（5）由很多小窄条矩形脉冲信号叠加而成的输入信号所引起的总响应将是各小窄条矩形脉冲信号分别引起响应的总和，即

$$x(t) \approx \sum_{i=0}^{t}\left[x(t_i)\Delta t\delta(t-t_i)\right]$$
$$y(t) \approx \sum_{i=0}^{t}\left[x(t_i)\Delta t h(t-t_i)\right] \tag{3-49}$$

若将小窄条矩形脉冲的间隔 Δt 无限缩小，即 $\Delta t \to dt$，则各小窄条矩形脉冲响应总和的极限即是原输入 $x(t)$ 所引起的测试系统的输出：

$$y(t) = \int_{0}^{t} x(t_i)h(t-t_i)dt \tag{3-50}$$

$$y(t) = x(t) * h(t) \tag{3-51}$$

此式表明：测试系统对任意输入信号 $x(t)$ 的响应 $y(t)$ 是输入信号 $x(t)$ 与测试系统的单冲响应函数 $h(t)$ 的卷积。

4. 几种常见信号的一阶系统和二阶系统的脉冲响应函数

1）单位脉冲信号输入时一阶系统和二阶系统的脉冲响应函数

若输入为单位脉冲信号，即 $x(t)=\delta(t)$，则 $X(t)=L[\delta(t)]=1$，测试系统相应输出的普拉斯变换将是 $Y(s)=H(s)X(s)=H(s)$，可对 $Y(s)$ 进行拉普拉斯逆变换求得在时域上的输出信号 $y(t)$，即

$$y(t) = L^{-1}[H(s)] = h(t)$$

可见，$h(t)$ 是测试系统的脉冲响应函数，又称权函数。一阶系统和二阶系统的脉冲响应函数及其图形列于表 3-1。

表 3-1   一阶系统和二阶系统的脉冲响应函数

传递函数	脉冲响应函数及其波形
一阶系统 $H(s) = \dfrac{1}{1+\tau s}$	$h(t) = \dfrac{1}{\tau} e^{-\frac{t}{\tau}}$
二阶系统 $H(s) = \dfrac{\omega_n^2}{s^2 + 2\varepsilon s\omega_n + \omega_n^2}$	$h(t) = \dfrac{\omega_n}{\sqrt{1-\varepsilon^2}} e^{-\varepsilon\omega_n t} \sin\left(\sqrt{1-\varepsilon^2}\,\omega_n t\right)$

2）单位阶跃信号输入时一阶系统和二阶系统的阶跃响应函数

对测试系统突然加载或突然卸载时的信号属于阶跃信号，这样的输入方式既简单又能揭示测试系统的动态特性，故常被采用。

一阶系统在单位阶跃激励下的稳态输出误差理论上为零，一阶系统的初始上升斜率为 $\dfrac{1}{\tau}$。在 $t = \tau$ 时，$y(t) = 0.632$；在 $t = 4\tau$ 时，$y(t) = 0.982$；在 $t = 5\tau$ 时，$y(t) = 0.993$。理论上，一阶系统的响应只在 t 趋于无穷大时，$y(t)$ 才达到稳态。但实际上，在 $t = 4\tau$ 时，其输出与稳态响应之间的误差已小于 2%，可认为已达到稳态。

单位阶跃信号输入二阶系统时，稳态输出的误差也为零。二阶系统的响应在很大程度取决于固有角频率 ω_n 和阻尼比 ζ。ω_n 越高，二阶系统响应越快。阻尼比影响超调量和振荡次数。当 $\zeta = 0$ 时，超调量为 100%，且持续不断地振荡下去。当 $\zeta > 1$ 时，不会发生振荡，但需经过较长时间才能达到稳态。只有阻尼比 $\zeta = 0.6 \sim 0.8$ 时，最大超调量为 2.5%～10%，并且，若以 2%～5% 为允许误差，则其趋近"稳态"的调整时间亦最短［为 $(3\sim4)\zeta\omega_n$］。所以许多二阶系统在设计时，常将阻尼比 ζ 选在 0.6～0.8 范围内。一阶系统和二阶系统对阶跃输入信号的响应列于表 3-2。

表 3-2 一阶系统和二阶系统对阶跃输入信号的响应

输入	输出	
	一阶系统	二阶系统
	$H(s)=\dfrac{1}{1+\tau s}$	$H(s)=\dfrac{\omega_n^2}{s^2+2\varepsilon s\omega_n+\omega_n^2}$
频域 $X(s)=\dfrac{1}{s}$	$H(s)=\dfrac{1}{s(1+\tau s)}$	$H(s)=\dfrac{\omega_n^2}{s(s^2+2\varepsilon s\omega_n+\omega_n^2)}$
时域 $x(t)=\begin{cases}0, & t<0 \\ 1, & t\geqslant 0\end{cases}$	$y(t)=1-\mathrm{e}^{-\frac{t}{\tau}}$	$y(t)=1-\dfrac{\mathrm{e}^{-\omega_n t}}{\sqrt{1-\varepsilon^2}}\sin(\omega_d t+\varphi)$ $\omega_d=\omega_n\sqrt{1-\varepsilon^2}$ $\varphi=\arctan\sqrt{\dfrac{1-\varepsilon^2}{\varepsilon}}$
波形		

例 3-3 已知系统传递函数为 $H(s)=\dfrac{1}{s^2+2s+3}$，用 MATLAB 画出系统的阶跃响应函数。

MATLAB 仿真程序：

```
num=[1]; den=[1 2 3];
sys=tf(num,den);
step(sys);
```

例 3-4 已知某一温度传感器具有一阶动态特性，其传递函数为 $H(s)=\dfrac{1}{\tau s+1}$，其时间常数 $\tau=7\mathrm{s}$，若将其从 20℃空气中插入 80℃水中，求经过 5s 后其指示的温度为多少？

解：当把温度传感器由空气放置水中时，输入温度从 20℃跃变到 80℃，以 $x(t)$ 表示输入温度，$y(t)$ 表示输出温度，则有

$$y(t)=(80-20)(1-\mathrm{e}^{-\frac{5}{7}})+20=50.6275℃$$

3）单位斜坡信号输入时一阶系统和二阶系统的斜坡响应函数

对测试系统施加随时间而呈线性增大的输入量，即为斜坡输入信号。由于输入量不断增大，一阶系统和二阶系统的输出总是"滞后"于输入，存在一定的稳态误差。随时间常数 τ 的增大、阻尼比 ζ 的增大和固有角频率 ω_n 的减小，其稳态误差增大，反之亦然。一阶系统和二阶系统对斜坡输入信号的响应列于表 3-3。

表 3-3　一阶和二阶系统对斜坡输入信号的响应

输入	输出	
	一阶系统 $H(s)=\dfrac{1}{1+\tau s}$	二阶系统 $H(s)=\dfrac{\omega_n^2}{s^2+2\varepsilon s\omega_n+\omega_n^2}$
频域 $X(s)=\dfrac{1}{s^2}$	$H(s)=\dfrac{1}{s^2(1+\tau s)}$	$H(s)=\dfrac{\omega_n^2}{s^2(s^2+2\varepsilon s\omega_n+\omega_n^2)}$
时域 $x(t)=\begin{cases}0,&t<0\\t,&t\geqslant 0\end{cases}$	$y(t)=t-\tau(1-\mathrm{e}^{-\frac{t}{\tau}})$	$y(t)=1-\dfrac{2\varepsilon}{\omega_n}+\mathrm{e}^{-\varepsilon\omega_n t/\omega_d}\sin(\omega_d t+\varphi)$
波形		

3.3.4　测试系统动态特性的测试方法

要使测试系统精确可靠,不仅测试系统的定度应当精确,而且应当定期校准。定度和校准就其试验内容来说,就是对测试系统本身各种特性参数进行的测试。

在进行测试系统的静态参数测试时,通常是以经过校准的标准量作为输入,求出其"输入/输出"曲线。根据这条曲线,确定其标定曲线、直线度、灵敏度和回程误差等,这就是测试系统的静态特性。

测试方法主要有频率响应法和阶跃响应法两种。

1.　频率响应法

通过对测试系统施以稳态正弦激励的试验,可以获得测试系统的动态特性。

对测试系统施加正弦激励 $x(t)=x_0\sin(\omega t)$,在输出达到稳态后,测量其输出与输入的幅值比和相位差,从而可得到该系统在这一激励频率 ω 下的传输特性。逐点改变输入的激励频率,就可以得到幅频特性曲线和相频特性曲线。

对于一阶系统,动态参数的测定主要是时间常数 τ 的测定,可以由幅频特性或相频特性直接确定 τ 。

$$A(\omega)=\frac{1}{\sqrt{(\omega\tau)^2+1}}\tag{3-52}$$

$$\varphi(\omega)=-\arctan(\omega\tau)\tag{3-53}$$

对于二阶系统，动态参数的测定需要估计其固有频率 ω_n 和阻尼比 ζ。若用相频特性曲线直接估计，则在 $\omega = \omega_n$ 处，输出与输入的相角差为 90°，相频曲线在该点斜率直接反映了阻尼比 ζ 的大小。但由于准确的相角测试比较困难，所以，通常还是多采用幅频曲线来估计其动态参数。对于欠阻尼系统（ $\zeta < 1$），幅频响应的峰值在稍偏离 ω_n 的 ω 处，且

$$\omega_1 = \omega_n \sqrt{1 - 2\zeta^2}$$
$$\omega_n = \frac{\omega_1}{\sqrt{1 - 2\zeta^2}}$$

（3-54）

$A(\omega)$ 和静态输出 $A(0)$ 之比为

$$\frac{A(\omega)}{A(0)} = \frac{1}{2\xi\sqrt{1 - \zeta^2}}$$

（3-55）

由式（3-54）求得测试系统的阻尼比，进而可由式（3-54）求得它的固有频率。二阶系统的幅频特性曲线如图 3-10 所示。

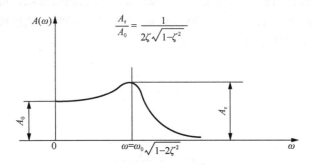

图 3-10　二阶系统幅频特性曲线

2. 阶跃响应法

用阶跃响应法求取系统的特性参数，首先要了解不同系统对阶跃输入的响应情况。式（3-56）和式（3-57）分别给出了一阶系统和二阶系统对阶跃输入的响应

$$y(t) = 1 - e^{-t/\tau}$$

（3-56）

$$y(t) = 1 - \left[e^{-\zeta\omega_n t} / \sqrt{1 - \zeta^2} \right] \sin(\omega_d t + \varphi_2)$$

（3-57）

式中，　$\omega_d = \omega_n \sqrt{1 - \zeta^2}$；

$\varphi_2 = \arctan \dfrac{\sqrt{1 - \zeta^2}}{\zeta}$。

1）用阶跃响应法求取一阶系统特性参数

用阶跃响应法求取一阶系统特性参数，可通过对一阶系统施加阶跃激励，测得其响应，

并取其输出值达到最终稳态值的 63%所经过的时间作时间常数 t_0。但用这种方法求取的时间常数 τ 值，由于没有涉及响应的全过程，数值上仅仅取决于某些个别的瞬时值，所以测量结果并不可靠。而改用下述方法确定时间常数 τ，则可以获得可靠的结果。方法如下。

一阶系统的阶跃响应函数为 $y(t)=1-\mathrm{e}^{-t/\tau}$，改写后得

$$1-y(t)=\mathrm{e}^{-t/\tau} \tag{3-58}$$

两边取对数，得

$$-\frac{t}{\tau}=\ln\left[1-y(t)\right] \tag{3-59}$$

式（3-59）表明，$\ln[1-y(t)]$ 和 t 呈线性关系，因此可以根据测得的 $y(t)$ 值，作出 $\ln[1-y(t)]$-t 曲线，并根据其斜率值求取时间常数 τ。这样就使一阶系统特性参数的求取考虑了瞬态响应的全过程。

2）用阶跃响应法求取二阶系统特性参数

典型的欠阻尼二阶系统的阶跃响应函数表明，它的瞬态响应是以 ω_d 为角频率作衰减振荡的。该角频率 ω_d 称作有阻尼固有角频率。按照求极值的通用方法，可以求得各振荡峰值所对应的时间 $t=0,\pi/\omega_d,2\pi/\omega_d,\cdots$。将 $t=\pi/\omega_d$ 代入式（3-58），通过极大值的求取，可求得最大超调量 M 和阻尼比 ζ 的关系式，即

$$M=\mathrm{e}^{-\dfrac{\zeta\pi}{\sqrt{1-\zeta^2}}} \tag{3-60}$$

或

$$\zeta=\sqrt{\dfrac{1}{\left(\dfrac{\pi}{\ln M}\right)^2+1}} \tag{3-61}$$

因此，测得 M 之后，便由上式作出 M-ζ 关系图（图3-11）。

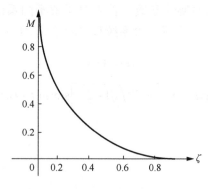

图 3-11   欠阻尼二阶系统的 M-ζ 关系图

如果所测得的阶跃响应具有较长的瞬变过程，则可以利用任意两个超调量 M_i 和 M_{i+n}

来求取其阻尼比 ζ。其中，n 是该两峰值相隔的整周期数。设第 i 个峰值和第 $i+n$ 个峰值所对应的时间分别为 t_i 和 t_{i+n}，则 $t_{i+n} = t_i + \dfrac{2n\pi}{\omega_n \sqrt{1-\zeta^2}}$。将它们代入式（3-61）可得

$$\ln \frac{M_i}{M_{i+n}} = \frac{2n\pi\zeta}{\sqrt{1-\zeta^2}} \qquad (3\text{-}62)$$

整理后得

$$\zeta = \sqrt{\frac{\delta_n^2}{\delta_n^2 + 4\pi^2 n^2}} \qquad (3\text{-}63)$$

式中，$\delta_n = \ln \dfrac{M_i}{M_{i+n}}$。

　　如果考虑到在 $\zeta < 0.3$ 时，以 1 替代 $\sqrt{1-\zeta^2}$ 进行近似计算，而不会产生过大的误差，式（3-63）可简化为

$$\zeta \approx \frac{\ln \dfrac{M_i}{M_{i+n}}}{2n\pi} \qquad (3\text{-}64)$$

　　应该指出，由上面的推导可以看出，对于精确的二阶系统，取任意正整数 n 所得 ζ 值是不变的，因此如果取不同 n 值所求得的 ζ 值存在较大差异，则表明该系统不是线性二阶系统或不能简化为线性二阶系统。

3.4　不失真测试

　　测试的目的是获得被测对象的原始信息，对于测试系统，只有当它的输出能如实反映输入变化时，它的测量结果才是可信的。这就要求在测试过程中采取相应的技术手段，使测试系统的输出信号能够真实、准确地反映出被测对象的信息。这种测试称为不失真测试。

1. 不失真测试的数学模型

　　工程测试的目的是从测试系统的输出信号 $y(t)$ 中确定输入信号 $x(t)$ 或获取它的有关信息。对于测试系统，只有当它的输出能如实反映输入变化时，它的测量结果才是可信的，才能据此解决各种测试问题，即实现不失真测试。因此，不失真测试系统的输入与输出应满足方程：

$$y(t) = A_0 x(t - t_0) \qquad (3\text{-}65)$$

式中，t_0——滞后时间；
　　　　A_0——信号增益。

这个表达式表示将输入信号沿时间轴向右平移 t_0，再将其幅值扩大 A_0 倍则与输出信号完全重合。

2. 实现不失真测试的条件

由于测试系统的频率响应特性会影响输出与输入的差异，当这一差异超过了允许范围，其测量结果就毫无意义。

对式（3-65）进行傅里叶变换，得

$$Y(j\omega) = A_0 e^{-jt_0\omega} X(j\omega) \tag{3-66}$$

则测试系统的频率响应函数为

$$H(\omega) = \frac{Y(\omega)}{X(\omega)} = A_0 e^{-jt_0\omega} \tag{3-67}$$

可见，要实现不失真测试，即使输出信号的波形与输入信号的波形精确的一致，则测试系统的频率响应特性应分别满足以下条件。

$$\left.\begin{array}{l} \text{幅频特性：} A(\omega) = \text{常量} \\ \text{相频特性：} \varphi(\omega) = -t_0\omega \end{array}\right\} \tag{3-68}$$

不能满足上述条件引起的失真分别被称为幅值失真和相位失真，只有同时满足幅值条件和相位条件才能真正实现不失真测试。在实际测量中，绝对的不失真是不存在的，但是必须把失真的程度控制在许可的范围内。

应该指出，上述不失真测试的条件只适用于一般的测试目的。对于用于闭环控制系统的测试系统，时间滞后 t_0 可能会破坏测试系统的稳定性，在这种情况下，$\varphi(\omega) = 0$ 才是理想的。

综合考虑实现测试波形不失真条件和其他工作性能，对于一阶系统来说，时间常数 τ 越小，则系统的响应越快。τ 越小表示伯德图上的转折频率 $\frac{1}{\tau}$ 将越大，其通频带越宽，对正弦输入的响应，其幅值放大倍数增大。所以系统的时间常数原则上越小越好。

对于二阶系统来说，其频率特性曲线中有两段值得注意。一般来说，在 $\omega < 0.3\,\omega_n$ 的范围内，$\varphi(\omega)$ 的数值较小，而且相频特性曲线 $\varphi(\omega)$-ω 接近直线，$A(\omega)$ 在该范围内的变化不超过 10%；在 $\omega > (2.5\sim3)\,\omega_n$ 的范围内，$\varphi(\omega)$ 接近 $180°$，而且差值甚小，如果在实测或数据处理中用减去固定相位差或将测试信号反相 $180°$ 的方法，则也基本可以不失真地恢复被测信号的原波形。如果输入信号的频率范围在上述两者之间，则因为系统的频率特性受 ζ 的影响较大而需作具体分析。分析表明，ζ 越小，系统对斜坡输入响应的稳态误差 $2\zeta / \omega_n$ 越小。但是对阶跃输入的响应，随着 ζ 的减小，瞬态振荡的次数增多，超调量增大，调整时间增长。在 $\zeta = 0.6\sim0.8$ 时，可获得较为合适的综合特性。当 $\zeta = 0.7$ 时，在 $0\sim0.58\,\omega_n$ 的频率范围中，幅频特性 $A(\omega)$ 的变化不超过 5%，同时相频特性 $\varphi(\omega)$ 也接近于直线，因而所产生的相位失真很小。但如果输入的频率范围较宽，则由于相位失真的关系，仍会导致一定程度的波形畸变。

3.5 测试系统的负载效应和适配

前面讨论了测试系统的静态特性和动态特性，并就简单的典型输入讨论了测试的响应。而在实际测试中，要分析的被测信号和测试系统的特性通常是针对多个测试系统的组合展开的，往往相当复杂。因而，必须考虑测试系统之间的匹配问题。

1. 负载效应

一个测试系统常常由多个测试单元组成，而每个测试单元又常常由许多环节组成。例如，一个动态应变测试系统，可分解为传感器、测量电桥、放大器、相敏检波器及示波器等多个环节，如图 3-12 所示。正确地组合这些环节，使整个系统的动态特性符合测试工作的要求十分重要。

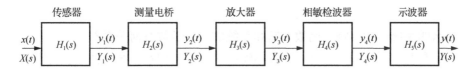

图 3-12 动态应变测试系统

两个系统相接后，后一级的系统对前一级系统来说就成了负载，即前一级的输出为后一级的输入。一般情况下，后一级对前一级可能产生影响。这一影响称为负载效应。如果这一影响超过了一定的限度，测试系统就不能有效地进行工作。

测试单元的合理组合，问题十分复杂，理论上还处于研究阶段。要在相当宽的频率范围内实现高频和低频都能匹配，从而实现不失真测试，本身就不容易。通常，尽量努力使得后一级系统对前一级系统无影响或影响很小，尽量避免由于两级系统之间的匹配问题而影响测量的精确度。例如，一般情况下要求图 3-12 中放大器输入阻抗很高而输出阻抗很低。这样，放大器的输入影响输出，而输出不影响输入，放大器的输入不影响前一级测量电桥的输出，而后一级相敏检波器的输入也不影响放大器的输出。系统或环节的这一特性称为单向性。通常，为保证测试系统的合理组合，以系统或环节的单向性为前提。

2. 测试系统与被测信号的适配

为了保证不失真测试条件，还要求测试系统与被测信号适配。为此要对测试系统和被测信号两个方面进行考察。

一方面要考察信号的幅值范围、频率成分的丰富程度（波形变化剧烈程度）、允许失真程度（保真度）等。另一方面还要考察测试系统的灵敏度、线性度、量程、频率特性等。此外，还要注意灵敏度、频率特性等在各个环节上的分配，一个环节一个环节地去适配，最后实现总的适配。

考察了上述两个方面，就可以对测试系统与被测信号是否适配以保证不失真测试条件做出判断。

测试工作开始时，要慢慢地调试，既要避免过载和超出线性范围，又要注意满足不失真测试条件所对应的频率特性。

测试系统的灵敏度、线性度和频率特性都可在产品说明书中查到。实际工作中常常需要定期复检测试系统本身的定度曲线和频率响应曲线，以保证测试结果的可靠性。

小　结

本章概述了测试系统的组成和基本要求，主要介绍了测试系统的静态特性，且分别从时域、复数域及频域对测试系统的动态特性进行了描述，并阐述了动态特性的测试手段；最后对系统实现不失真测量的条件及测试系统的匹配问题进行了介绍。

复习思考题

1. 什么叫系统的频率响应函数？它和系统的传递函数有何关系？

2. 什么是测试系统的静态特性？包括哪些指标？它们对系统的性能有何影响？

3. 什么是测试系统的动态特性？描述系统动态特性的方法有哪些？

4. 什么叫作一阶系统、二阶系统，它们的传递函数、频率响应函数的表达式是什么？

5. 测试系统实现不失真测试的条件是什么？

6. 某测试系统为线性时不变系统，其传递函数为 $H(s) = \dfrac{1}{0.005s+1}$。求其对周期信号 $x(t) = 0.8\cos(10t) + 0.2\cos(100t - 45°)$ 的稳态响应 $y(t)$。

7. 将信号 $x(t)=\cos(\omega t)$ 输入一个传递函数为 $H(s) = \dfrac{1}{1+\tau s}$ 的一阶系统，试求其包括瞬态过程在内的输出 $y(t)$ 的表达式。

8. 有一时间常数为 0.5s 的一阶系统，用此系统去测量周期分别为 1s、2s 及 5s 的正弦信号时的幅值相对误差是多少？

9. 有一力学传感器，固有频率为 1000Hz，阻尼比为 0.7，求频率为 600Hz 和 400Hz 时的正弦交变力，系统的相对幅值差和相位差为多少？

10. 有一温度计，其传递函数满足一阶系统，已知空气中的时间常数为 10s，沸水中时间常数为 50s，将温度计从空气中放入沸水中，一分钟后迅速取出，求温度计在 10s、30s、50s、100s、300s 时温度计测得的数值。

11. 已知传感器为一阶系统，当用斜坡信号作用于系统时，在 t=0 时刻，输出 10mV，t 无穷大时，输出 1000mV，t=5s 时，输出 50mV，试求该传感器的时间常数。

第4章　常用传感器

传感器（transducer/sensor）是将被测量按一定规律转换成便于应用的某种物理量的装置。通常将传感器看作一个把被测非电量转换为电量的装置。传感器位于测试系统的首端，是获取准确可靠信息的关键装置。传感器技术在当今科学技术发展中具有重要地位，引起了世界各国的普遍重视。深入研究传感器的原理和应用，研制和开发新型传感器，具有重要的现实意义。本章主要介绍测试系统中非电量和电量互相转换的重要环节——传感器。以传感器在测试系统中的作用为切入点，介绍常用传感器的分类方法，进而对几种常用传感器如电阻式传感器、电感式传感器、压电传感器及磁电传感器等分别进行介绍，并对其静、动态测试进行分析。

通过对本章内容的学习，学生能够了解常用传感器的分类、理解传感器转换信号的物理原理；学会使用不同类型的传感器，分析传感器的静、动态特性，掌握测试系统中传感器的典型测量电路。

4.1　概　　述

现代测试技术通常是用传感器把被测物理量转换成容易检测、传输和处理的电信号，然后由测试装置的其他部分进行后续处理。传感器的作用类似于人的感觉器官，也可以认为传感器是人类感觉器官的延伸。传感器一般由敏感元件和其他辅助零件组成。敏感元件直接感受被测量并将其转换成另一种信号，是传感器的核心。传感器处于测试装置的输入端，其性能直接影响整个测试装置和测试结果的可靠性。传感器技术是测试技术的重要分支，受到普遍重视，并且已在工业生产及科学技术领域中发挥并将继续发挥重要作用。随着科学技术的发展，传感器正在向高度集成化、智能化方向迅速发展。

如果电信号随时间的变化规律与物理量随时间的变化规律相同，即波形不失真，那么，对电信号的分析处理就等同于对原工程信号的分析处理。

在机械测试中，传感器一般由转换机构和敏感元件两部分组成，前者将一种机械量转变为另一种机械量，后者则将机械量转换为电量，有些结构简单的传感器则只有敏感元件部分。传感器输出的电信号分为两类，一类是电压、电荷及电流，另一类是电阻、电容和电感，它们通常比较微弱且不适合直接分析处理。因此传感器往往与配套的前置放大器连接或者与其他电子元件组成专用的测量电路，最终输出幅值适当、便于分析处理的电压信号。

传感器分类方法也很多，且目前尚无统一规定，下面对常用的传感器进行分类。

（1）按被测物理量分类，可分为力传感器、位移传感器、温度传感器等。

（2）按工作的物理基础分类，可分为机械式传感器、电气式传感器、光学式传感器和流体式传感器等。

（3）按信号变换特征可分为物性型传感器和结构型传感器。

物性型传感器不改变传感器结构参数而是靠其敏感元件物理性能的变化实现信号转换。例如，压电式力传感器通过石英晶体的压电效应把力转换成电荷。

结构型传感器是依靠其结构参数的变化实现信号转换。例如，电容式传感器可以依靠其极板间距离的变化进行位移的测量。测量时，极板的物理性能未发生变化，而传感器结构、极板间的距离发生变化。

（4）按能量关系可分为能量转换型传感器和能量控制型传感器。

能量转换型传感器并不具备能量源，而是靠从被测对象输入的能量使其工作，如热电偶温度计将被测对象的热能转换成电能。被测对象与传感器之间的能量传输，必然改变被测对象的状态，造成测量误差。

能量控制型传感器自备能量源，被测物理量控制传感器输出能量的多少。例如，电阻应变片接入电桥测量应变时，被测量以应变片电阻的形式控制电桥的失衡程度，从而完成信号的转换。

传感器种类繁多，而且许多传感器的应用范围又很宽，如何合理选用传感器是测试工作中的一个重要问题。

传感器是测量装置与被测量之间的接口，处于测试系统的输入端，其性能直接影响着整个测试系统，对测量精确度起着主要的作用。

作为一个重要的测试单元，传感器必须在它的工作频率范围内满足不失真测试的条件，即幅频特性是常数，相频特性呈线性，最好等于零。此外，在选择和使用传感器时还应该注意以下几点。

（1）灵敏度适当。

灵敏度高意味着传感器能检测微小的信号，当被测量稍有变化，传感器就会有较大的输出。但高灵敏度的传感器测量范围也较窄，较容易受噪声的干扰。所以同一种传感器常常做成一个序列，有高灵敏度测量范围较窄的，也有测量范围宽灵敏度较低的，在使用时要根据被测量的变化范围（动态范围）并留有足够的余量来选择灵敏度适当的传感器。

（2）精确度足够。

传感器的精确度表示其输出电量与被测量真值的一致程度。前已述及，传感器位于测试系统的输入端，它能否真实地反映被测量，对整个测试系统是至关重要的。然而精确度越高，其价格也越高，对测试环境的要求也越高。因此应当从实际出发，选择能满足测试需要的足够精确度的传感器，不应一味地追求高精确度。

（3）可靠性高。

可靠性是传感器和一切测量仪器的可靠工作时长，可靠性高的传感器能长期完成它的功能并保持其性能参数。为了保证传感器使用中的高可靠性，除了选用设计合理、制作精良的产品外，还应该了解工作环境对传感器的影响。在机械工程中，传感器有时是在相当恶劣的条件下工作，包括灰尘、高温、潮湿、油污、辐射和振动等条件，这时传感器的稳定性和可靠性就显得特别重要。

（4）对被测对象的影响小。

传感器的工作方式有接触和非接触两种。接触式传感器工作时必须可靠地与被测对象接触或固定在被测对象上，这时要求传感器与被测物之间的相互作用要小，其质量要尽可能小，以减少传感器对被测对象运行状态的影响。非接触式传感器则无此缺点，特别适用于旋转和往复机件的在线检测。

4.2　变阻式传感器

4.2.1　变阻器式传感器

变阻器式传感器又称为电位计式传感器，其核心思想是将被测位移的变化转变为电阻值的变化。它的电阻元件是在绝缘芯子外面紧密绕制的合金电阻丝，芯子可做成直线形或圆弧形，前者用于测量线位移，后者用于测量角位移（图 4-1）。当被测位移发生变化时，触点 C 沿电阻元件相对移动，导致接入电路中的电阻丝长度及其阻值发生变化。如电阻丝单位长度阻值为一常数，则电阻丝电阻值的变化 ΔR 与触点 C 的位移 Δx（或 $\Delta \alpha$）成正比关系。

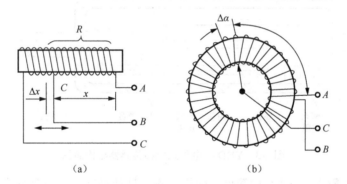

（a）　　　　　　　　　　（b）

图 4-1　变阻器式传感器原理

变阻器式传感器一般采用电阻分压电路，如图 4-2 所示。在激励电压 e_0 的作用下，传感器将位移变成输出电压的变化。当触点移动 x 距离后，传感器电路的输出电压 e_y 可用下式计算：

$$e_y = \frac{e_0}{\dfrac{x_P}{x} + \dfrac{R_P}{R_l}\left(1 - \dfrac{x}{x_P}\right)} \tag{4-1}$$

从上式可见，当仅当 $R_P/R_l \to 0$ 时，有

$$e_y = \frac{e_0}{x_P}x = k \cdot x \tag{4-2}$$

即，输出电压与位移呈线性关系。因此，变阻器的总电阻 R_P 应尽可能取最小值。

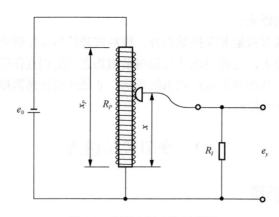

图 4-2   电阻分压电路原理图

图 4-3 为 YHD 型电阻式位移传感器结构简图。滑线电阻与精密无感电阻组成测量电桥的两个桥臂，与应变仪连用。测量时，测量轴与被测物体接触，当物体产生位移时，测量轴通过滑块沿导轨移动，触头便在滑线电阻上产生位移，电桥输出一个电压增量。当物体反向移动时，则触头在弹簧的作用下反向移动。

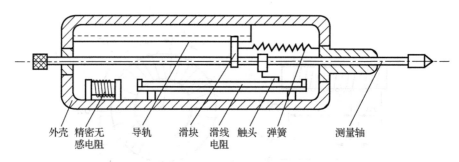

外壳 精密无 导轨 滑块 滑线 触头 弹簧 测量轴
      感电阻   电阻

图 4-3   YHD 型电阻式位移传感器结构简图

变阻器式传感器优点是结构简单、使用可靠、性能稳定，缺点是分辨力受电阻丝的直径和线圈螺距的限制。分辨力等于每厘米线圈绕线圈数的倒数，分辨力很难优于 $20\mu m$。因此变阻式传感器测量精确度较低，只适用于大位移的测量。触点和电阻丝接触表面磨损、尘埃附着等将使触点移动中的接触电阻发生不规则的变化，产生噪声。用导电塑料制成的变阻器性能得到显著改善，多用于数控系统中。

4.2.2   电阻应变式传感器

电阻应变式传感器是利用电阻应变片将机械应变转换为应变片电阻值变化的传感器。传感器由在弹性元件和其上粘贴的电阻应变敏感元件构成。当被测量作用在弹性元件上，弹性元件的变形引起应变值的变化，通过转换电路转换成电量输出，则电量变化的大小反映了被测量的大小。电阻应变式传感器分为金属电阻应变片式传感器与半导体应变片式传感器。

1. 金属电阻应变片式传感器

金属电阻应变片式传感器的核心元件是金属电阻应变片（电阻应变计），它能将被测试件的应变变化转换成电阻应变片电阻的变化。金属电阻应变片有丝式和箔式两种。其工作原理都是在发生机械变形时，电阻值发生变化。图 4-4 为几种常用的金属电阻应变片传感器。

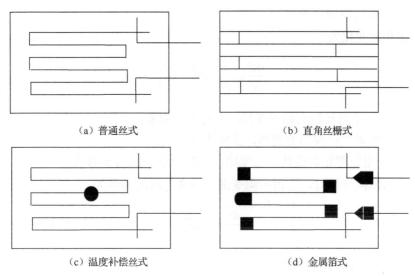

（a）普通丝式	（b）直角丝栅式
（c）温度补偿丝式	（d）金属箔式

图 4-4　几种常用的金属电阻应变片传感器

如图 4-5 所示，电阻丝式应变片是由直径约为 0.025mm 的高电阻率电阻丝制成的敏感栅，粘贴在绝缘的基片与覆盖层之间，并由引出线引出。

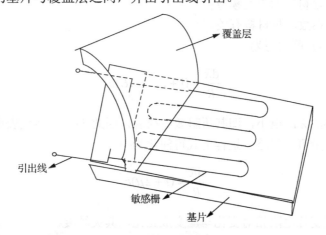

图 4-5　电阻丝式应变片

金属箔式应变片的箔栅采用光刻技术，其线条均匀、尺寸准确、阻值一致性好。箔栅的粘贴性能、散热性能均优于电阻丝式，允许通过较大电流。因此目前大多使用金属箔式应变片。

当敏感栅在工作中产生变形时，其电阻值发生相应变化。由于 $R=\rho l/A$，敏感栅变形，则电阻丝（或箔栅线条）的长度 l、截面积 A 和电阻率 ρ 发生变化。当每一可变因素分别有一增量 $\mathrm{d}l$、$\mathrm{d}A$ 和 $\mathrm{d}\rho$ 时，所引起的电阻增量为

$$\mathrm{d}R = \frac{\partial R}{\partial l}\mathrm{d}l + \frac{\partial R}{\partial A}\mathrm{d}A + \frac{\partial R}{\partial \rho}\mathrm{d}\rho \qquad (4\text{-}3)$$

式中，$A = \pi r^2$，r 为电阻丝半径。

所以电阻相对变化为

$$\frac{\mathrm{d}R}{R} = \frac{\mathrm{d}l}{l} - 2\frac{\mathrm{d}r}{r} + \frac{\mathrm{d}\rho}{\rho} \qquad (4\text{-}4)$$

式中，$\mathrm{d}l/l = \varepsilon$ ——电阻丝轴向相对变形，或称纵向应变；

$\mathrm{d}r/r$ ——电阻丝径向相对变形，或称横向应变；

$\mathrm{d}\rho/\rho$ ——电阻率相对变化，与电阻丝轴向所受正应力 σ 有关。

当电阻丝沿轴向伸长时，必沿径向变细，两者之间的关系为

$$\frac{\mathrm{d}r}{r} = -\mu\frac{\mathrm{d}l}{l} \qquad (4\text{-}5)$$

式中，μ ——电阻丝材料的泊松比。

$$\frac{\mathrm{d}\rho}{\rho} = \lambda\sigma = \lambda E\varepsilon \qquad (4\text{-}6)$$

式中，E ——电阻丝材料的弹性模量；

λ ——压阻系数，与材料有关。

由此，式（4-4）可改写为

$$\frac{\mathrm{d}R}{R} = (1 + 2\mu + \lambda E)\varepsilon \qquad (4\text{-}7)$$

金属电阻材料的 λE 很小，即其压阻效应很弱，因此 $\lambda E\varepsilon$ 项所代表电阻率随应变的改变引起的电阻变化量可以忽略。这样上式可简化为

$$\frac{\mathrm{d}R}{R} \approx (1 + 2\mu)\varepsilon \qquad (4\text{-}8)$$

上式表明，应变片电阻相对变化与应变成正比，其灵敏度

$$S = \frac{\mathrm{d}R/R}{\mathrm{d}l/l} = 1 + 2\mu = 常数 \qquad (4\text{-}9)$$

用于制造电阻应变片的电阻材料的应变系数或称灵敏度系数 K_0 多为 1.7～3.6。金属电阻应变片的灵敏度 $S \approx K_0$。常用金属电阻丝材料物理性能见表 4-1。

表 4-1　常用金属电阻丝材料物理性能

材料名称	灵敏度系数 K_0	在 20℃时的电阻率/（μΩ·m）	在 0~100℃内电阻温度系数/×10^6℃	最高使用温度/℃	对铜的热电势/（μV/℃）	线膨胀系数/×10^6℃
康铜	1.9~2.1	0.45~0.52	±20	300（静态）400（动态）	43	15
镍铬合金	2.1~2.3	0.9~1.1	110~130	450（静态）800（动态）	3.8	14
镍铬铝合金	2.4~2.6	1.24~1.42	±20	450（静态）800（动态）	3	13.3
镍铬铝合金（6J22，卡马合金）	2.4~2.6	1.24~1.42	±20	450（静态）800（动态）	3	13.3
铁铬铝合金（6J23）	2.8	1.3~1.5	30~40	700（静态）1000（动态）	2~3	14
铂	4~6	0.09~0.11	3900	800（静态）	7.6	8.9
铂钨合金	3.5	0.68	227	1000（动态）	6.1	8.3~9.2

2. 半导体应变片式传感器

图 4-6 为半导体应变片。其工作原理是基于半导体材料的压阻效应，即受力变形时电阻率 ρ 发生变化。

单晶半导体受力变形时，原子点阵排列规律发生变化，导致载流子浓度和迁移率改变，引起其电阻率变化。

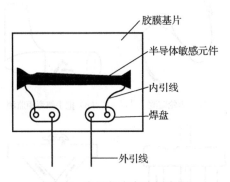

图 4-6　半导体应变片示意图

式（4-7）中 $(1+2\mu)\varepsilon$ 项是几何尺寸变化引起的，$\lambda E\varepsilon$ 是由于电阻率变化引起的，对半导体材料而言，后者远远大于前者。因此，可把式（4-7）简化为

$$\frac{\mathrm{d}R}{R} \approx \lambda E\varepsilon \qquad (4\text{-}10)$$

半导体应变片的灵敏度

$$S = \frac{\mathrm{d}R/R}{\varepsilon} \approx \lambda E \qquad (4\text{-}11)$$

半导体应变片的灵敏度一般是金属电阻应变片灵敏度的 50～70 倍。几种常用半导体材料特性列于表 4-2。

表 4-2　常用半导体材料特性

材料	电阻率ρ /（$\Omega \cdot cm$）	弹性模量E /（$\times 10^7 N/cm^2$）	灵敏度	晶向
p 型硅	7.8	1.87	175	[111]
n 型硅	11.7	1.23	−132	[100]
p 型锗	15.0	1.55	102	[111]
n 型锗	16.6	1.55	−157	[111]
p 型锑化铟	0.54	0.745	−45	[100]
n 型锑化铟	0.013	0.745	−74.5	[100]

半导体应变片的特点是灵敏度高，机械滞后和横向效应小，测量范围大，频响范围宽。其最大缺点是温度稳定性差，灵敏度分散性较大，以及在较大应变作用下非线性误差大等。

近来，已研制出的集成应变组件在传感器小型化和特性改善方面有了很大进展。电阻应变片的应用如图 4-7 所示。

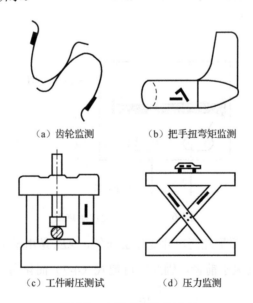

（a）齿轮监测　　　　　（b）把手扭弯矩监测

（c）工件耐压测试　　　　（d）压力监测

图 4-7　电阻应变片的应用

3. 电阻应变片的应用

电阻应变片主要有以下两种应用方式。

（1）应变片直接粘贴在试件上，用来测量工程结构受力后的应力分布或所产生的应变，为结构设计、应力校核或分析结构在使用中产生破坏的原因等提供试验数据。

（2）将应变片粘贴在弹性元件上，进行标定后作为测量力、位移等物理量的传感器。为了保证测量的精确度，一般要采取温度补偿措施，以消除温度变化所造成的误差。

4. 转换电路

应变片将应变的变化转换成电阻相对变化 $\Delta R / R$，通常还需要把电阻的变化再转换为电压或电流的变化，才能用电测仪表进行测量。一般采用电桥电路实现微小阻值变化的转换。

4.3 电感式传感器

利用电磁感应原理将被测量转换为线圈自感 L 或互感 M 的变化，再由测量电路转换成电压或电流的变化量输出，这种将被测非电量转换为电感变化的装置称为电感式传感器。

电感式传感器主要是利用自感或互感的变化，将非电量如位移、压力、流量、振动转化为电量的装置，按其转换方式可分为自感式（包括可变磁阻式及涡流式）和互感式（差动变压器式）两种。

4.3.1 可变磁阻式传感器

1. 工作原理

可变磁阻式传感器的工作原理如图 4-8 所示。可变磁阻式传感器（又称自感式电感传感器）属于电感式传感器的一种。它是利用线圈自感量变化来实现测量的，由线圈、铁芯和衔铁组成，在铁芯和衔铁之间有气隙 δ。当线圈通以交流电时，则产生磁通，并在铁芯、衔铁和空气隙内形成闭合磁路。若被测物体使衔铁移动，由于 δ 变化引起磁路中磁阻的增减，从而使线圈中的自感变化。

设 W 为线圈匝数，L 为线圈的自感系数，R_m 为磁路的总磁阻，当线圈中流过电流 i 时，产生磁通量为 ϕ，其自感电动势为

$$e_L = -W \frac{\mathrm{d}\phi}{\mathrm{d}t} = -(W \frac{\mathrm{d}\phi}{\mathrm{d}i})\frac{\mathrm{d}i}{\mathrm{d}t} = -L \frac{\mathrm{d}i}{\mathrm{d}t} \tag{4-12}$$

式中，$L = W \dfrac{\mathrm{d}\phi}{\mathrm{d}i}$，H。

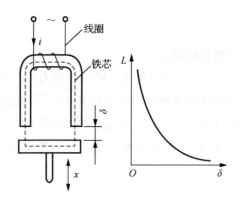

图 4-8   可变磁阻式传感器的工作原理

当电流 i 不变或无铁芯时，

$$L = W\frac{\mathrm{d}\phi}{\mathrm{d}i} = W\frac{\phi}{i} = \frac{W\phi}{i} \tag{4-13}$$

$$L \cdot i = W \cdot \phi \tag{4-14}$$

又根据磁路欧姆定律，

$$\phi = \frac{F}{R_\mathrm{m}} \tag{4-15}$$

式中，F ——磁动势，A；

$\quad\quad R_\mathrm{m}$——磁阻，Ω。

考虑气隙磁路，当 $\Delta\delta \ll \delta_0 \approx 1$，则

$$R_\mathrm{m} = \frac{l}{\mu S_1} + \frac{2\delta}{\mu_0 S_0} \approx \frac{2\delta}{\mu_0 S_0} \tag{4-16}$$

式中，l ——铁芯导磁长度，m；

$\quad\quad \mu$ ——铁芯磁导率，H/m；

$\quad\quad S_1$ ——铁芯导磁截面积，m^2；

$\quad\quad \delta$ ——气隙长度，m；

$\quad\quad \mu_0$——气隙磁导率，$\mu_0 = 4\pi \times 10^7\mathrm{H/m}$；

$\quad\quad S_0$ ——气隙导磁截面积，m^2。

将式（4-15）、式（4-16）代入式（4-14）得

$$L = \frac{W^2}{R_\mathrm{m}} = \frac{W^2\mu_0 S_0}{2\delta} \tag{4-17}$$

上式表明，线圈自感系数 L 与气隙 δ 成反比，而与导磁截面积 S_0 成正比。当 S_0 固定，输出取决于 δ 变化，灵敏度 S 为

$$S = \frac{L}{\delta} = \frac{W^2 \mu_0 S_0}{2\delta^2} \qquad (4\text{-}18)$$

因为传感器的灵敏度 S 与气隙 δ 的平方成反比，δ 越小，则传感器的灵敏度越高，S 不为常数，传感器的非线性严重。为了减小非线性误差，通常规定气隙的变化范围在较小的区域内。设气隙的变化范围为（$\delta_0, \delta_0 + \Delta\delta$），则灵敏度为

$$S \approx -\frac{W^2 \mu_0 S_0}{2\delta^2} \qquad (4\text{-}19)$$

此时，灵敏度 S 趋于定值，传感器的输出与输入近似呈线性关系，实际应用中，常取 $\Delta\delta / \delta \leqslant 0.1$，这种传感器只适于小位移测量。但当固定 δ、变化 S_0 时，自感 L 与 S_0 成正比关系，传感器呈线性输出。

2. 结构形式

常用可变磁阻式传感器的结构形式如图 4-9 所示。

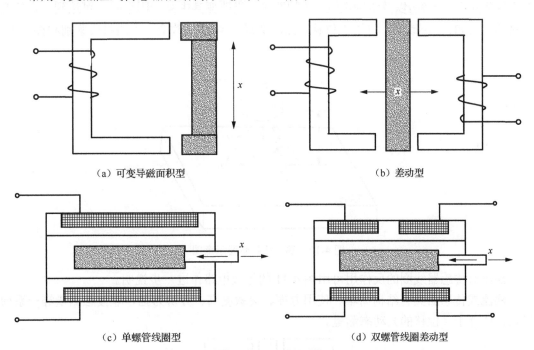

（a）可变导磁面积型　　　　　　　　（b）差动型

（c）单螺管线圈型　　　　　　　　（d）双螺管线圈差动型

图 4-9　常用可变磁阻式传感器的结构形式

图 4-9（a）是可变导磁面积型传感器，其输出呈线性，但灵敏度较低。图 4-9（b）是差动型传感器，当衔铁位于中心位置（位移为零）时，两线圈自感相等，当衔铁有位移时，其中一个线圈自感增加，另一个线圈自感则减少。如将两线圈接入电桥的相邻桥臂，则输出灵敏度较单线圈传感器提高一倍，且改善了线性特性。图 4-9（c）是单螺管线圈型传感

器，当铁芯在线圈中移动时，螺管线圈的磁阻发生变化，导致自感 L 的变化。由于磁场强度沿线圈轴向分布不均匀，故输出存在非线性误差。这种传感器结构简单，但灵敏度低，适用于较大位移的测量。图 4-9（d）是双螺管线圈差动型传感器，当铁芯在两个线圈中移动时，一个线圈的自感增加，另一个线圈的自感减小，将两线圈接入电桥的相邻桥臂，自感的总变化量是单线圈的两倍，且输出非线性得到相互补偿。

4.3.2 涡流式（位移）传感器

根据电磁感应原理，当金属板置于变化着的磁场中时，金属板内便会产生感应电流，此电流在金属体内是闭合的，故称为涡流。

涡流式传感器的工作原理如图 4-10 所示。当线圈中施加高频激励电流 i 时，线圈产生的高频电磁场作用于距离为 δ 的金属板表面，由于集肤效应，在金属板表面内产生涡流 i_1，而涡流 i_1 又会产生交变电磁场反作用于线圈上，使线圈产生感应电动势，由此而引起线圈自感 L 和线圈阻抗 Z_L 的变化。阻抗变化的程度与距离 δ 有关，即线圈阻抗的变化量 ΔZ_L（输出）将随着金属板与线圈之间距离的变化量 $\Delta \delta$（被测位移）而改变。这是涡流式传感器将位移转换为线圈自感量变化的原理。其变化程度取决于线圈与金属板之间距离 δ、金属板的电阻率 ρ、磁导率 μ 以及激励电流 i 的频率等。当改变其中某一因素时，可达到一定的变换目的。例如，当 δ 改变，可用于位移、振动测量；当 ρ 或 μ 改变，可做材质鉴别和探伤等。

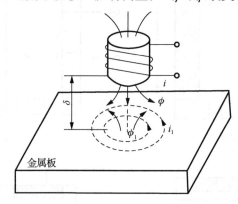

图 4-10 涡流式传感器示意图

涡流对传感器线圈的反作用可用图 4-11 的等效电路作进一步说明。

涡流式传感器具有结构简单、使用方便、灵敏度高、分辨力强、非接触测量等一系列优点，适合于（位移的）动态测量。

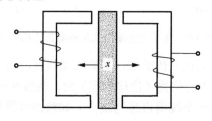

图 4-11 互感现象

4.3.3 差动变压器式传感器

差动变压器式传感器简称差动变压器。这种传感器利用电磁感应中的互感现象来进行信号转换。如图 4-12 所示，当线圈 W 输入电流 i_1 时，线圈 W_1 和 W_2 产生感应电动势 e_{12}，其值与电流 i_1 的变化率有关，即

$$e_{12} = -M \frac{\mathrm{d}i_1}{\mathrm{d}t} \tag{4-20}$$

式中，M ——互感，H。

M 的数值与两线圈相对位置及周围介质的导磁能力等有关，它表示两线圈之间的耦合程度。

差动变压器就是利用这一原理，将被测位移转换成线圈互感的变化。实际应用的传感器多为螺管型差动变压器，其结构与工作原理如图 4-12 所示。

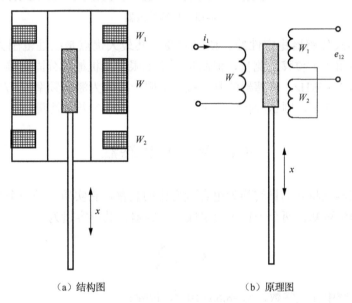

（a）结构图　　　　　　　　　（b）原理图

图 4-12　差动变压器结构与工作原理

由初级线圈 W 和两个参数相同的次级线圈 W_1 和 W_2 组成的变压器，其线圈 W_1 和 W_2 反极性串联，线圈中心插入动铁芯。当初级线圈 W 加上交流电压时，次级线圈分别产生感应电势 e_1 和 e_2，其大小与铁芯位置有关。

当铁芯在中心位置时，$e_1 = e_2$，输出电压 $e_0 = 0$；铁芯向上移动，$e_1 > e_2$；铁芯向下移动，则 $e_1 < e_2$；铁芯偏离中心位置，e_0 逐渐增大。

差动变压器的输出电压是交流量，输出电压幅值与铁芯位移成正比，用交流电压表，即通过整流的方法可以测得输出电压的幅值，但输出电压的幅值只能反映铁芯位移的大小，不能反映移动方向。其次，由于两个次级线圈的不一致性、初级线圈损耗电阻、铁磁材料性质不均匀等因素导致传感器仍存在零点残余电压，即铁芯处于中间位置时，输出不为零。为此，需要采用既能反映铁芯移动方向，又能补偿零点残余电压的中间变换电路。

如图 4-13 所示电路中相敏检波器可根据差动变压器输出的调幅波相位变化判别位移的方向和大小,其中可调电阻 R 与差动直流放大器的作用是消除传感器零点残余电压。

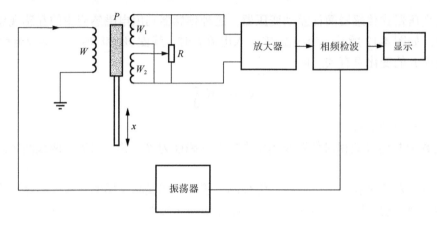

图 4-13　相频检波器

差动变压器式传感器稳定性好、使用方便,其最大优点是线性范围大,有的可达到 300mm,广泛应用于大位移的测量,但测量频率上限受其机械部分固有频率的限制。常用激励电压频率为 1～5kHz,传感器的测量频率上限一般约为激励频率的 1/10。通过弹性元件把其他量变成位移量,则这种传感器也适用于力、流体参数等测量。

4.4　电容式传感器

电容式传感器是将被测量转换为电容量变化的装置,它实质上是一个具有可变参数的电容器。由物理学可知,两个平行极板组成的电容器,其电容量为

$$C = \varepsilon_0 \frac{A_F \varepsilon}{\delta} \tag{4-21}$$

式中,　ε_0 ——真空中介电常数,$\varepsilon_0 = 8.85 \times 10^{-12}$,F/m²;

　　　　ε ——极板间介质的介电常数;

　　　　δ ——极板间的距离(极距),m;

　　　　A_F ——两极板相互覆盖面积,m²。

上式表明,当被测量使 δ、A_F 或 ε 发生变化时,都会引起电容量 C 的变化。若只改变其中某一参数,就可以把该参数的变化转换为电容量的变化,因而电容式传感器可分为极距变化型、面积变化型和介质变化型三种。其中前两种应用较广,都可作为位移传感器。

4.4.1　极距变化型电容传感器

根据式(4-21),如果两极板相互覆盖面积和极间介质不变,则电容量 C 和极距 δ 呈非线性关系(图 4-14)。当极距有微小变化量 $\Delta\delta$ 时,若输出电容变化量为 ΔC,则传感器的灵敏度 S 为

$$S = \frac{\mathrm{d}C}{\mathrm{d}\delta} = -\frac{\varepsilon\varepsilon_0 A_\mathrm{F}}{\delta^2} \qquad (4\text{-}22)$$

式中，$A_\mathrm{F} = \dfrac{\alpha r^2}{2}$，$A_\mathrm{F}$ 为极板的覆盖面积，如果为角位移型，覆盖面积对应的中心角为 α。

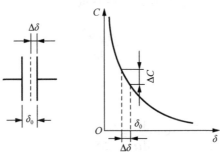

图 4-14 极距变化型电容传感器原理图

可以看出，灵敏度与极距的平方成反比，极距越小灵敏度越高。显然，这将引起非线性误差。为减少这一误差，通常规定传感器在较小的极距变化范围内工作（$\Delta\delta/\delta_0 \approx 0.1$，$\delta$ 为初始极距）。实际应用中常采用差动式，即在两块固定极板之间放一块动极板，动极板分别与两个固定极板形成电容，当动极板靠近一个固定极板时，就会远离另一个固定极板，形成差动关系。这样不仅可以提高传感器的灵敏度，还可以减少非线性度。这种传感器的灵敏度高、动态性好、可非接触测量，仅适合小位移测量，大位移测量时非线性度强。

4.4.2 面积变化型电容传感器

电容式传感器可以通过改变面积来控制电容的大小，按照面积的改变方式不同，可以分为直线位移型和角位移型。

1. 直线位移型

图 4-15 为直线位移型电容传感器。当动极板沿 x 方向移动时，动极板和定极板的覆盖面积变化，引起电容变化，其电容量：

$$C = \frac{\varepsilon\varepsilon_0 bx}{\delta} \qquad (4\text{-}23)$$

其灵敏度：

$$S = \frac{\mathrm{d}C}{\mathrm{d}x} = \frac{\varepsilon\varepsilon_0 b}{\delta} = 常数 \qquad (4\text{-}24)$$

此时，输出与输入呈线性关系，但与极距变化型电容传感器相比，直线位移型电容传感器灵敏度较低，可用作较大直线位移的测量。

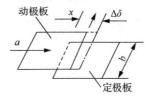

图 4-15 直线位移型电容传感器

2. 角位移型

图 4-16 为角位移型电容传感器。当动极板沿顺时针方向转动时，引起动极板和定极板的覆盖面积变化，导致电容量发生变化，其电容量：

$$C = \frac{\varepsilon\varepsilon_0\alpha r^2}{2\delta} \tag{4-25}$$

此时，其灵敏度：

$$S = \frac{\mathrm{d}C}{\mathrm{d}\alpha} = \frac{\varepsilon\varepsilon_0 r^2}{2\delta} = 常数 \tag{4-26}$$

式（4-26）说明系统的灵敏度为常数，即传感器输出与输入呈线性关系。

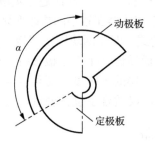

图 4-16　角位移型电容传感器

4.4.3　介质变化型电容传感器

介质变化型电容传感器是指电容器两极板间介质改变时，其电容量发生变化。介质变化型电容传感器的极板固定，极距和覆盖面积均不改变。

当极板间介质的种类或其他参数变化时，其相对介电系数改变导致电容量发生相应变化，从而实现被测量的转换。这种传感器常用于测量电介质的液位，以及某些材料的厚度、温度、湿度等。

传感器两极板固定不动，其极距 δ 和极板面积固定。若极板间为空气介质时，其相应电容量为

$$C = \frac{2\pi\varepsilon_1 l}{\ln(R/r)} \tag{4-27}$$

式中，R ——外电极的内半径；

　　　r ——内电极的外半径；

　　　l ——液体浸没长度；

　　　ε_1 ——空气的介电常数。

如果电极的一部分被非导电性液体所浸没，电容量将发生变化。传感器的电容与介质参数之间的关系为

$$\Delta C = \frac{2\pi(\varepsilon_2 - \varepsilon_1)l}{\ln(R/r)} \tag{4-28}$$

式中，ε_2——液体的相对介电常数。

由上式可知，若 l 不变，ε_2 的改变将使 C 改变，这时传感器可用作介电系数的测量。反之，若液体的相对介电系数 ε_2 不变，其 l 可能变化，则传感器可作厚度测量。图 4-17 是一种电容式液位计。当被测液面变化时，两个固定的筒形电极间液体浸入高度发生变化，从而可根据由此引起的电容变化测出相应的液位数据。

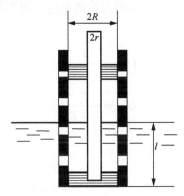

图 4-17 电容式液位计

4.4.4 电容式传感器的适配测量电路

常见电容式传感器的适配测量电路有桥式电路、直流极化电路和调频电路等。本节着重介绍脉冲宽度调制这种常见测量电路。

图 4-18 为差动式电容传感器的脉冲宽度调制电路原理图，该电路也简称差动脉冲调宽电路。它由电压比较器 A_1、A_2，双稳态触发器及电阻 R_1、R_2，二极管 VD1、VD2 组成的电容充放电电路构成。C_1、C_2 为传感器的差动电容，双稳态触发器的两个输出端 Q、$\tilde{Q}$ 为该电路的输出端。

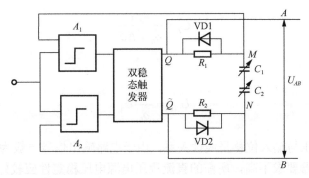

图 4-18 差动式电容传感器的脉冲宽度调制电路原理图

设电源接通时，双稳态触发器的 A 点为高电位，即 $Q=1$；B 点为低电位，$\tilde{Q}=0$。U_A 通过 R_1 对 C_1 充电，直到 M 点电位 U_M 等于参考电压 U_f 时，比较器 A_1 产生一个脉冲使双稳态触发器翻转，A 点成低电位，B 点成高电位。此时，M 点的高电位经 C_1 放电迅速降低到零。同时，B 点的高电位 U_B，经 R_1 向 C_2 充电，当 N 点电位 U_N 等于 U_f 时，比较器 A_2 产生一个脉冲使双稳态再次翻转，使 U_A 为高，U_B 为低，重复上述过程，结果双稳态两个输出端 Q、$\tilde{Q}$，输出方波 U_1 和 $-U_1$。A、B 两点处脉冲波的脉冲宽度与电容充放电有关。

（1）当 $C_1=C_2$ 时，A、B 输出正方波和负方波的宽度相等，如图 4-19（a）所示。此时 A、B 两点间平均电压为零。

（2）当 $C_1 C_2$ 时，如 $C_1>C_2$，则 C_1 和 C_2 充电时间 $T_1>T_2$。这样，A、B 处脉冲波的脉冲宽度不等，如图 4-19（b）所示。A、B 两点平均电压不再为零。

A、B 两点的平均电压为

$$U_{AP} = \frac{T_1}{T_1 + T_2} U_1 \tag{4-29}$$

$$U_{BP} = \frac{T_2}{T_1 + T_2} U_1 \tag{4-30}$$

式中，U_1——触发器输出高电压。

$$U_{AB} = U_{AP}, \quad U_{BP} = \frac{T_1 - T_2}{T_1 + T_2} \tag{4-31}$$

$$T_1 = R_1 C_1 \ln \frac{U_1}{U_1 - U_f} \tag{4-32}$$

$$T_2 = R_2 C_2 \ln \frac{U_1}{U_1 - U_f} \tag{4-33}$$

由于，放电时，$U_c = (U_1 - U_f)e^{-\frac{T}{RC}}$ 两边取对数，即可求出放电时间 T 的表达式，当应用差动法，极距变化型电容传感器的电容，此时

$$C_1 = \frac{\varepsilon_0 A}{\delta_0 - \Delta\delta} \tag{4-34}$$

$$C_2 = \frac{\varepsilon_0 A}{\delta_0 + \Delta\delta} \tag{4-35}$$

代入上式，有

$$U_{AB} = \frac{\Delta\delta}{\delta_0} U_1 \tag{4-36}$$

此时，输出电压与输入位移呈线性关系，由于电路输出信号一般为 100kHz～1MHz 的方波，对低通滤波器要求不高，所需的直流稳压电源电压稳定性应较好，但这一要求与其他电路所要求的高稳定度、稳频稳幅交流电源相比容易得多。

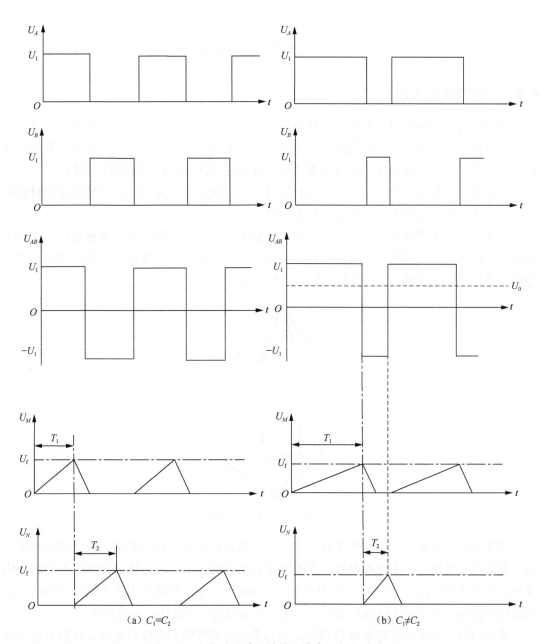

图 4-19　电容式传感器的差动脉宽调制电路波形

　　电容式传感器具有结构简单、灵敏度高、动态响应好等优点，但其测量精确度往往受到电路寄生电容、电缆电容、温度和湿度的影响，因此，要保证电路正常工作，有必要采取良好的绝缘和屏蔽措施。长期以来昂贵的造价限制了它的应用。近年来随着集成电路技术的发展和工艺的进步，上述因素对测量精确度的影响大为减少，为电容式传感器的应用开辟了广阔的前景。

4.5　压电式传感器

4.5.1　压电效应原理

压电效应：某些材料如石英、钛酸钡等晶体，当受外力作用时，不仅几何尺寸发生变化，而且内部也会极化，一些表面出现电荷，形成电场。当外力去掉时，表面又重新恢复到原来不带电状态，这种现象称为压电效应。具有这种性质的材料称为压电材料。

如果把压电材料置于电场中，其几何尺寸发生变化，这种外电场作用导致压电材料机械变形的现象称为逆压电效应或电致伸缩效应。

石英是一种常用的单晶压电材料。石英（SiO_2）晶体结晶形状为六角形晶柱。其基本组织六棱柱体有 3 种轴线：纵轴线 z 叫作光轴；通过六角棱线而垂直于光轴的轴线 x 叫作电轴；垂直于棱柱面轴线 y 叫作机械轴，如图 4-20 所示。

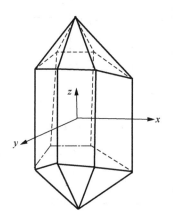

图 4-20　石英晶体示意图

如果从石英晶体中切下一个平行六面体，使其表面分别平行于电轴、机械轴和光轴，这个晶体在正常状态下不呈现电性。在垂直于光轴力的作用下，晶体则会发生不同的极化现象，如图 4-21 所示。沿 x 轴施加力产生纵压电效应，沿 y 轴施加力产生横压电效应，沿相对两平面施加力则产生切向压电效应，沿 z 轴加力则不呈现任何极化现象。

常用材料：石英的压电常数 D 较低，但具有很好的时间和温度稳定性。其他单晶压电材料如铌酸锂和钽酸锂等的压电常数为石英的 2～4 倍，但价格较贵，应用不如石英广泛。酒石酸钾钠的压电常数虽然较高，但属于水溶性晶体，易受潮湿影响，强度低，性能不稳定，应用不多。

压电陶瓷是目前应用最为普遍的多晶体压电材料。压电陶瓷烧制方便，易于成型，元件成本低。现在使用最多的是压电常数很高（70～590pC/N）的锆钛酸铅压电陶瓷系列。它具有与铁磁材料"磁畴"类似的"电畴"，所谓电畴就是自发极化的小区。一般情况下，压电陶瓷并不具有压电效应。在一定的温度下作极化处理，在强电场作用下电畴规则排列，从而呈现压电性能。极化电场除去后，压电性能仍然保持，且在常温下受力即呈现压电效应。

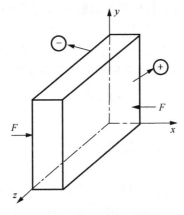

图 4-21　压电效应示意图

4.5.2　压电式传感器工作原理

在压电晶片的两个工作面上进行金属蒸镀处理，形成金属膜，即电极，如图 4-22 所示。

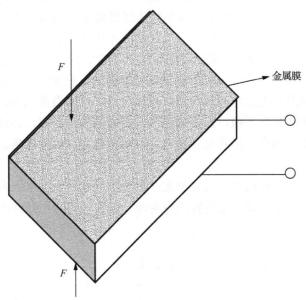

图 4-22　压电晶片示意图

当压电晶片受外力作用时，在两个电极上积聚数量相等、极性相反的电荷，形成电场。因此压电式传感器可以看作是一个电荷发生器，但也是一个以压电材料为介质的平行板电容器，其电容量计算如下：

$$C = \frac{\varepsilon \varepsilon_0 A}{\delta} \tag{4-37}$$

式中，ε ——压电材料的相对介电常数，对于石英晶体 $\varepsilon=4.5$；

δ ——极距，即晶片厚度，m；

A ——压电晶片的工作面面积，m^2。

如果施加于晶片的外力不变，且积聚在极板上的电荷无泄漏，那么在外力继续作用时，电荷量保持不变，而在力的作用终止时，电荷随即消失。

试验证明，压电晶片上所受作用力与由此产生的电荷量成正比。若沿单一晶轴 x 轴施加外力 f，则在垂直于 x 轴的晶片表面上积聚的电荷量 q 为

$$q = d \cdot f \tag{4-38}$$

式中，q ——电荷量，C；

d ——压电常数，C/N，与材质及切片方向有关；

f ——作用力，N。

若压电晶片受多方向的力，其内部将是一个复杂的应力场。压电晶片各个表面都会积聚电荷，每个表面的电荷量不仅与各表面的垂直力有关，还与其他面上的受力有关，即有耦合现象。这时式（4-38）应用矩阵形式表示，即

$$Q = D \cdot F \tag{4-39}$$

式中，Q、D、F 均为矩阵，其量纲同式（4-38）。

由式（4-38）和式（4-39）可知，压电式传感器测试的关键在于电荷量的测量，而其产生的电荷量常常是很小的。理想的测量方法是在不消耗极板电荷的条件下进行测量。当然，要达到这一要求是很困难的，实际使用时可以采取措施，使电荷的漏失降低至足够少。

在动态测试时，由于电荷可以不断补充，对电荷的数量要求并不高。压电式传感器多用两个或两个以上的晶片进行串接或并接。并接时两晶片的负极在内，直接连接成传感器的负电极；位于外侧的两个正极，在外部连接成传感器的正电极。并接时输出电荷量大，适用于以电荷为输出的场合。但其电容量大，时间常数大，致使传感器不适于作频率很高的信号测量。

串接时，传感器电压输出大，电容也比并接时小，适用于以电压为输出的情况。

压电式传感器是一个具有一定电容的电荷源。输出开路时，开路电压 e_a 与电荷 q、电容 C_a 之间关系为

$$e_a = \frac{q}{C_a} \tag{4-40}$$

考虑负载影响后，传感器电容端电压 e、电荷 q 的关系与开路时不同。此时

$$q = C_0 e + \int i \mathrm{d}t \tag{4-41}$$

式中，q ——电荷；

C_0 ——等效电容，$C_0 = C_a + C_c + C_i$，其中，C_a 是传感器电容，C_c 是电缆电容，C_i 是后续电路输入电容；

e ——电容上建立的电压，$e = R_0 i$；

i ——泄漏电流。

上式说明，负载效应对输出电荷（或电压）很微弱、输出阻抗很高的压电式传感器影响很大。因而其测量电路的重要性比其他类型的传感器更为突出。

4.5.3 测量电路

压电式传感器输出信号比较微弱，输出阻抗极高。为了减少电荷泄漏，实现阻抗匹配，后续测量电路的输入阻抗必须极高，匹配的电缆电容要很小且噪声要很低，电缆电容不能任意变动。通常把传感器信号先送入前置放大器，经过阻抗变换后，再用一般的放大、检波等电路进行后续处理。

压电式传感器的前置放大器有特殊要求，主要作用有两点：一是将传感器的高输出阻抗变换成前置放大器的低输出阻抗，实现与一般测试装置或中间变换器的阻抗匹配，即电压放大器；二是对传感器的微弱输出信号进行预放大，即电荷放大器。

1. 电压放大器

电压放大器电路如图 4-23 所示。其第一级采用金属氧化物半导体型 MOS 场效晶体管（metal-oxide-semiconductor field effect transistor，MOS）构成源极输出器，第二级的普通晶体管射极输出器除作电压放大器的输出级外，同时对第一级形成负反馈，从而使得输入阻抗本已很高的场效晶体管源极输出器的输入阻抗得以进一步提高，致使该电压放大器的输入阻抗大于 1000M，输出阻抗小于 1000M。这种前置放大器的作用主要是阻抗变换，放大作用是次要的，故也称为阻抗变换器。

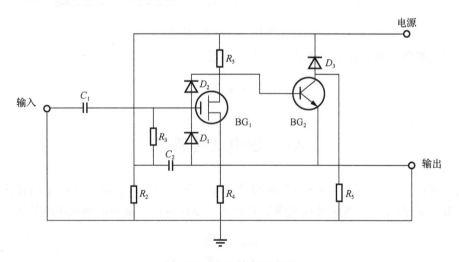

图 4-23　电压放大器电路

电压放大器电路简单、体积小、价格低。但传感器的连接电缆必须专用，不得任意更换或对调；电缆不能很长，电缆电容不得很大，否则传感器灵敏度改变，引起测量误差。为解决电缆影响，可将传感器和前置放大器集成在传感器壳体内，即可消除电缆影响。

2. 电荷放大器

电荷放大器原理如图 4-24 所示。它是一个带有电容负反馈的高增益运算放大器。当略去传感器漏电阻及电荷放大器输入电阻时，输出电压 e_y 为

$$e_y = \frac{Kq}{C_f(K+1)+C_0} \tag{4-42}$$

式中，C_f——电荷放大器反馈电容；

C_0——传感器电容 C_a、电缆电容 C_c 和电荷放大器输入电容 C_i 的等效电容；

q——传感器输出电荷；

K——运算放大器开环放大倍数。

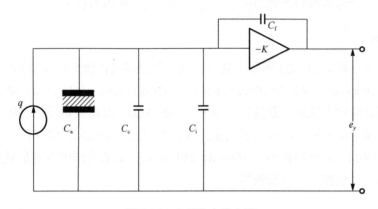

图 4-24　电荷放大器电路

由于运算放大器开环放大倍数 K 很大，致使

$$e_y \approx \frac{q}{C_f} \tag{4-43}$$

4.6　磁电式传感器

磁电式传感器是把被测物理量转换成感应电动势的一种传感器，又称电动式传感器。一个匝数为 W 的线圈，当穿过该线圈的磁通发生变化时，线圈内的感应电动势为

$$e = -W\frac{\mathrm{d}\phi}{\mathrm{d}t} \tag{4-44}$$

感应电动势 e 与其匝数 W 和磁通变化量 $\mathrm{d}\phi$ 有关。对于特定的传感器，其线圈的有效匝数 W 一定，e 取决于磁通变化率 $\mathrm{d}\phi/\mathrm{d}t$。

磁通变化率受磁场强度、磁路磁阻、线圈运动速度等因素影响。因而，改变上述因素，将使线圈感应电动势发生改变。磁电式传感器可分为动圈式传感器和磁阻式传感器。

4.6.1　动圈式传感器

图 4-25 为线速度动圈式磁电传感器。线圈在磁场中做直线运动时，所产生的感应电动势 $e(V)$ 为

$$e = WBlv\sin\theta \qquad (4\text{-}45)$$

式中，W ——线圈有效匝数；

$\quad\quad B$ ——磁感应强度，T；

$\quad\quad l$ ——单匝线圈的长度，m；

$\quad\quad v$ ——线圈与磁场的相对运动速度，m/s；

$\quad\quad \theta$ ——线圈运动方向与磁场方向的夹角，$\theta = \pi/2$。

考虑到 θ 通常为 $\pi/2$，上式一般写成

$$e = WBlv \qquad (4\text{-}46)$$

图 4-25　线速度动圈式磁电传感器

由于对于一个特定的传感器来说，W、B 和 l 均为定值，所以感应电动势 e 与线圈运动速度 v 成正比。图 4-26 是角速度动圈式磁电传感器。线圈在磁场中转动时产生的感应电动势为

$$e = BWA\omega \qquad (4\text{-}47)$$

式中，ω ——线圈转动角速度，rad/s；

$\quad\quad A$ ——单匝线圈的截面积，mm^2。

在 B、W、A 为常数时，感应电动势的大小与线圈转动角速度成正比。

图 4-26　角速度动圈式磁电传感器

4.6.2　磁阻式传感器

磁阻效应是指在存在磁场的作用下，材料的电阻值会发生变化。磁阻式传感器通常由一个磁场感应元件和一个电路组成。磁场感应元件通常采用磁敏电阻器或磁阻条，其电阻值会随着外部磁场的变化而变化。电路则用来测量并转换感应元件的电阻值变化为相应的电信号。当外部磁场施加在磁阻感应元件上时，感应元件的电阻值会发生变化，这个变化可以通过电路测量，并将其转换为与磁场强度或其他物理量相对应的电信号。

除了利用磁阻式传感器进行转速测量，还可以进行旋转体转速测量、振动测量等。值得注意的是，磁阻式传感器对被测体有一定的磁吸力，质量小的被测对象可能受其影响，应慎重选用。

4.7　光电式传感器

光电式传感器是测试技术中一种常用的传感器。实际使用时，被测物理量转换成光的变化，然后再由光敏元件转换成电信号。

4.7.1　光敏元件

1. 光敏电阻

某些半导体材料，在光照射下会吸收一部分光能，这使其内部的载流子数目增多，从而使材料的电阻率减小，这种现象称为光电效应或光导效应。

图 4-27 为一种光敏电阻的外观，外部光通过保护玻璃照射在光敏半导体薄膜上，薄膜

起着光电导层的作用。光敏电阻通过引线接入电路,如图 4-28 所示,当无光照时,因光敏电阻的暗电阻阻值很大(大多数光敏电阻的暗电阻阻值超过 1MΩ,甚至高达 100MΩ),电路电流很小。受到一定波长范围的光照时,其亮电阻阻值急剧减小致使电路电流迅速增大。在正常的白昼条件下其亮电阻阻值可降低到 1kΩ 以下。

图 4-27 光敏电阻的外观

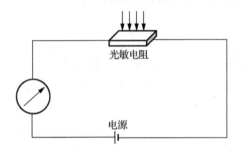

图 4-28 光敏电阻外接电路

光敏电阻阻值变化与光波波长有关。不同的材料有不同的光谱特性,例如硫化镉(Cds)、硒化镉(CdSe)等适用于可见光(0.4~0.75μm)范围;氧化锌(ZnO)、硫化锌(ZnS)等适于紫外线域;硫化铅(PbS)、硒化铅(PbSe)、碲化铅(PbTe)等适用于红外线域。因此,应根据光波波长合理选择光敏电阻的材料。

2. 光电池与光敏晶体管

半导体 P-N 结的结面发生电子与空穴的分离现象,从而在接触面两端产生电势,这种现象称为光伏效应。P 型半导体内具有过剩的空穴,N 型半导体具有过剩电子。当两者结合时,在结合面上将发生载流子的扩散现象,即 N 区的电子向 P 区扩散,而 P 区的空穴向 N 区扩散,结果使 N 区失去电子带正电,P 区失去空穴带负电,并形成一个电场,这样的结合面称为 P-N 结,如图 4-29 所示。

如用光照射 P-N 结,在 P-N 结附近,由于吸收了光子能量,电子变得活跃。在 P-N 结电场作用下,较活跃的电子被推向 N 区,而空穴被拉进 P 区,使 P 区带正电,而 N 区带有负电,二区之间产生电位差,即构成了光电池,光电池受光照后将产生电压。这也是太阳能电池板的原理。

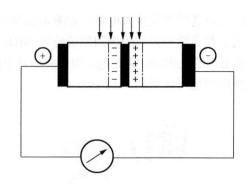

图 4-29　具有 P-N 的光电池原理

光敏晶体管是一种双极型晶体管，其基区能被光照。当光照射在光敏晶体管的基区时，光子能量会激发光敏材料中的载流子（通常是电子），产生电子-空穴对。这些被激发的电子会被注入晶体管的基区，与空穴复合，从而在基极和发射极之间产生电流。这个电流放大效应是晶体管的特性，也是光敏晶体管能够将光信号转化为电信号的基础。

3．光电倍增管

光电倍增管是在入射光微弱，要求有较大电流输出时使用的一种光敏元件，光电倍增管由光电阴极 C、阳极 A 和若干倍增极 $D_1,D_2,\cdots,D_n$ 组成。由一定材料制成的光电阴极受入射光照射时可发射出电子。阳极和倍增极上加有一定的正电压。光电阴极发射的电子将被第一倍增极的正电压所加速，而轰击第二倍增极，使其放出电子。第二倍增极放出的电子称为"二次电子"，其数量比一次电子多一倍。这样，经过多次倍增后的大量电子被带正电位的阳极接收，从而在阴极与阳极之间形成电流。

4.7.2　光电式转速传感器

光电式转速传感器的工作原理如图 4-30 所示，光源、透镜 1 送出的平行光经半透半反射镜反射并由透镜 2 会聚在被测的旋转体上。被测旋转体上设置一定数量的反光面和非反光面。测试时，反光面反射回的光线经半透半反射镜透射、透镜 3 会聚于被测旋转体上，使其输出光脉冲；被测旋转体上的非反光面不能将光反射回传感器，因此无对应脉冲输出。传感器输出的光电脉冲被送入频率计或计数器，可得到旋转体转速。传感器体积小、便于携带、测量范围宽、使用方便，应用十分广泛。

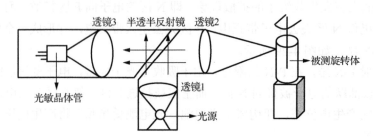

图 4-30　光电式转速传感器工作原理图

由于光电式传感器具有频率特性优良，易实现非接触式测量等优点，使光电传感器应用十分广泛，其结构形式也非常丰富、多种多样，可根据需要查阅有关资料。

4.8　霍尔传感器

4.8.1　工作原理

霍尔传感器是基于半导体材料的霍尔效应特性制成的敏感元件。如图 4-31 所示，当将该元件置于垂直于薄片的磁场 B 中，并在两个控制端通以控制电流 I_C 时，半导体薄片中移动载流子（电子）将受到磁场洛伦兹力 F_L 的作用，一方面载流子沿电流相反的方向运动，同时，载流子将因洛伦兹力作用而发生偏移，使得霍尔薄片（元件）的一侧由于电荷的堆积而形成电场，电场力 F_C 将阻止载流子继续偏移，当作用于载流子的电场力和洛伦兹力相等时，电子的积累达到动态平衡，这时在霍尔元件的两个输出端之间建立的电场称为霍尔电场，相应的电势 U_H 称为霍尔电势，这种现象称为霍尔效应。

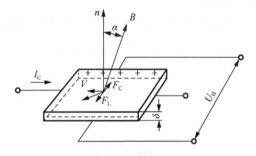

图 4-31　霍尔效应原理图

霍尔电势的大小为

$$U_H = K_H I_C B \tag{4-48}$$

式中，I_C——控制电流，A；

　　　B——垂直霍尔薄片平面的磁感应强度，T；

　　　K_H——霍尔元件的灵敏度系数。

其中，K_H 与霍尔薄片的厚度 δ (mm) 和反映材料霍尔效应强弱的霍尔系数 R_H 有关，$K_H = R_H/\delta$，如果磁场与霍尔元件平面的法线方向的夹角为 α，则霍尔电势为

$$U_H = K_H I_C B \cos\alpha \tag{4-49}$$

根据霍尔电势与控制电流和磁感应强度的关系，可以将被测量的变化与控制电流变化或磁感应强度的变化联系起来，实现被测量的感知。

4.8.2　霍尔传感器测量转速

霍尔传感器待测转盘上粘贴一对或多对小磁铁，当待测物体以角速度 ω 旋转时，每一个小磁铁转过霍尔元件集成电路，霍尔元件便产生一个相应的脉冲。测定脉冲频率，即可确定待测物体的转速。

利用霍尔元件测量转速的方案有很多，主要是根据待测对象的结构特点，设计磁场和霍尔元件的布置，有的将永磁体装在旋转体上，将霍尔元件装在永磁体旁；有的将永磁体装在靠近带齿旋转体的侧面，将霍尔元件装在永磁体旁，实质上都是利用霍尔元件在外磁场发生变化时，霍尔传感器输出脉冲信号，通过测定脉冲的频率，可以确定待测物体的转速。

概括地讲，霍尔传感器的实际应用大致可以分为三种类型：

（1）保持控制电流不变而使传感器处于变化的磁场之中，传感器的输出正比于磁感应强度。这方面的应用有磁场测量，磁场中微位移测量，转速、加速度、力的测量，以及无接触信号发生器、函数发生器等。

（2）磁感应强度不变而使控制电流随被测量变化，传感器的输出电势与控制电流成正比，这方面的应用有测量交流、直流的电流表和电压表等。

（3）当霍尔元件的控制电流和磁感应强度都发生变化时，元件的输出与两者的乘积成正比。这方面的应用有乘法器、功率测量等，此外，也可以用于混频、斩波、调制、解调等。

4.9　集成传感器

集成传感器是将传感元件、测量电路及各种补偿元件等集成在一块芯片上。它体积小、重量轻、功能强、性能好。例如，由于敏感元件与放大电路之间没有了传输导线，减少了外来干扰，提高了信噪比；温度补偿元件与敏感元件处在同一温度下，可取得良好的补偿效果；信号发送和接收电路与敏感元件集成在一起，使得遥测传感器非常小巧，可置于狭小、封闭空间甚至置入生物体内进行遥测和控制。目前广泛应用的集成传感器有集成温度传感器、集成压力传感器、集成霍尔传感器等。将若干种各不相同的敏感元件集成在一块芯片上，制成多功能传感器，可以同时测量多种参数。

智能传感器是在集成传感器的基础上发展起来的。智能传感器是指装有微处理器的，不但能够进行信息处理和信息存储，而且还能够进行逻辑分析和结论判断的传感器系统。智能传感器是利用集成或混合集成的方式将传感器、信号处理电路和微处理器集成为一个整体，一般具有自补偿、自校准和自诊断的能力以及数值处理、信息存储和双向通信的功能。

实现传感器集成化、智能化的技术途径如下。

（1）传感器的功能集成化利用集成或混合集成的方式将传感器、信号处理电路和微处理器集成为一个整体，构成功能集成化的智能传感器。例如，美国霍尼韦尔公司研制的 DSJ-3000 系列智能差压压力传感器是在 3mm×3mm 的硅片上配置了差压、静压和温度三个敏感元件。整个传感器还包括了变换电路、多路转换器、脉冲调制、微处理器和数字量输出接口等，并在只读存储器（read-only memory，ROM）中装有该传感器的特性数据，实现非线性补偿。

（2）采用新的结构实现信号处理的智能化。利用微机械精细加工技术可以在硅片上加工出极其精细的孔、沟、槽、膜、悬臂梁和共振腔等新的结构，构成性能优异的微型智能传感器，使其能真实地反映被测对象的完整信息。例如，工程中的振动通常是多种振动的综合效应，多用频谱分析的方法来解析。由于传感器在不同频率下的灵敏度是不同的，势必造成失真。而一种微型多振动传感器具有 16 个长度不同的片状悬臂梁振动板，振动板的宽度仅 100mm，在自由端附加一块金属作为受感质量，分别感受不同频率的振动。振动信号由振动板固定端附近制作的应变片获得。

（3）基于材料特性进行信息处理的智能化使用新型材料，如各种半导体材料、陶瓷、导电聚合物和生物功能薄膜等。人工嗅觉传感系统组合了多个具有不同特性的气体敏感元件，所用材料包括金属氧化物半导体、导电聚合物等,并配有相关的数据处理部分和模式识别系统。人工嗅觉传感系统根据应用对象的不同，传感器的构成材料和配置数量也有所不同。

小　结

本章主要介绍测试系统中非电量和电量互相转换的重要环节——传感器。以传感器在测试系统中的作用为切入点，介绍常用传感器的分类方法，进而对几种常用的传感器如变阻式传感器、电感式传感器、压电式传感器及磁电式传感器等分别进行介绍，并对其静、动态性能进行分析。

复习思考题

1．简述常用传感器的分类方法。

2．什么是压电效应？简述电阻应变片式传感器的工作原理。

3．简述极距变化型电容传感器的工作原理。讨论如何使极距变化型电容传感器的灵敏度趋于常数。

4．金属应变片与半导体应变片在工作原理上有何区别？各有何缺点？应如何根据实际情况进行选用？

5．请叙述差动传感器的工作原理。

6．压电式传感器的测量电路为什么常用电荷放大电路？

7．用光敏元件设计测速的装置，并说明其原理。

8．有一电容传感器，其圆形极板半径为 4mm，初始工作间隙为 0.3mm，工作时极板间距变化为 $\Delta \delta = \pm 0.1 \mu m$，电容变化量是多少？

9．有一电阻变片，其电阻为 120Ω，灵敏度为 2，设工作时的应变为 0.001，求 ΔR。若将此应变片接成如题图 4-1 所示的电路，求①无应变时电流表示值；②有应变时电流表示值；③电流表示值的相对变化量。

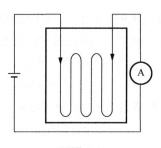

题图 4-1

第 5 章　信号的中间变换及分析

传感器将非电量转换为电量时，通常输出电阻、电感、电容等电路参数，需要将这些电路参数转换为易于测量和处理的电压、电流或频率等。由于传感器基本转换电路的类型与传感器的工作原理有关，有时将其看作传感器的组成部分。传感器输出的信号一般比较微弱，且常常伴随噪声，为此，有必要对信号进行处理，以便于显示和输出。本章重点介绍将传感器输出的电量转化为电流、电压的处理电路——电桥、放大电路、调制器与解调器、滤波器等，进而对随机信号从时域和频域进行分析。

通过对本章内容的学习，使学生能够了解信号的显示和记录方式，理解电桥、放大、调制与解调、滤波、A/D 与数模（digital-analog, D/A）处理方法的原理。能够动手搭建各种信号变换电路，能够对随机信号在时域和频域进行相关性分析，学会信号中间变换的手段。

5.1　概　　述

被测物理量经过传感器变换以后，往往成为电阻、电容、电感、电荷、频率或电压、电流等某种电参数的变化。电阻、电容、电感、电荷及频率的变化还需要使用电桥电路变换成电压或电流的变化。为了进行信号分析、处理、显示和记录，有必要对信号进行放大、运算及分析等中间变换，测试装置中常用的中间变换装置有放大器、滤波器、电桥、调制与解调器等。

5.2　电　　桥

电桥是一种将电阻、电感、电容等参数变化变换为电压或电流变化的测量电路。电桥输出一般需先作放大，然后再作后续处理，但有时也可用指示仪表直接测量。按接入激励电源的性质可分为直流电桥和交流电桥。

5.2.1　直流电桥

直流电桥电路的形式见图 5-1 所示。四个桥臂上的元件为电阻 R_1、R_2、R_3、R_4，a、c 两端接入直流激励电压 e_0，b、d 为电桥输出端 e_y。

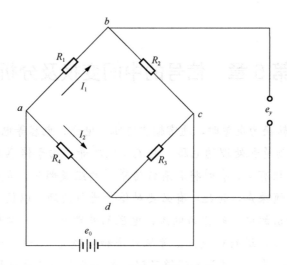

图 5-1　直流电桥电路图

当输出端所接放大器的输入电阻很大，电桥输出端可视为开路时，桥路电流如下：

$$I_1 = \frac{e_0}{R_1 + R_2} \tag{5-1}$$

$$I_2 = \frac{e_0}{R_3 + R_4} \tag{5-2}$$

此时，正电桥输出电压为

$$e_y = U_{ab} - U_{ad} = I_1 R_1 - I_2 R_4 = \left(\frac{R_1}{R_1 + R_2} - \frac{R_4}{R_3 + R_4}\right)e_0 \tag{5-3}$$

简化后可得

$$e_y = \frac{R_1 R_3 - R_2 R_4}{(R_1 + R_2)(R_3 + R_4)} e_0 \tag{5-4}$$

当 $R_1 R_3 = R_2 R_4$ 时，$e_y = 0$，即电桥输出电压为零，电桥的这种状态称为电桥平衡。直流电桥的平衡条件为

$$R_1 R_3 = R_2 R_4 \tag{5-5}$$

直流电桥有半桥单臂式（单桥）、半桥双臂式（半桥）和全桥式三种接法，如图 5-2、图 5-3 和图 5-4 所示。

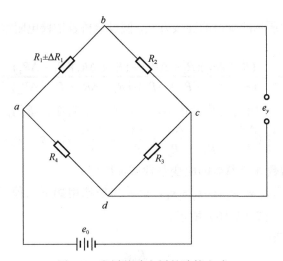

图 5-2　半桥单臂电桥的连接方式

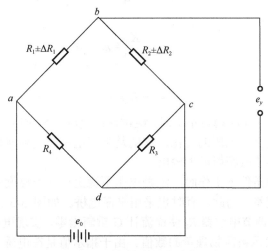

图 5-3　半桥双臂电桥的连接方式

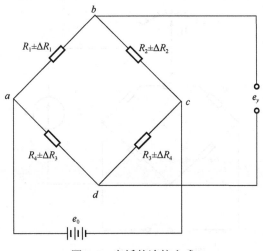

图 5-4　全桥的连接方式

一般地，如图 5-4 所示的全桥的连接方式，假设电桥各桥臂电阻都发生变化，由式（5-4）可有

$$e_y = \frac{(R_1 + \Delta R_1)(R_3 + \Delta R_3) - (R_2 + \Delta R_2)(R_4 + \Delta R_4)}{(R_1 + \Delta R_1 + R_2 + \Delta R_2) \cdot (R_3 + \Delta R_3 + R_4 + \Delta R_4)} e_0 \tag{5-6}$$

将上式展开，由于电阻的变化量较小，可以忽略电阻变化量的高阶项，则上式可写成

$$e_y = \frac{e_0}{4}\left(\frac{\Delta R_1}{R_1} - \frac{\Delta R_2}{R_2} - \frac{\Delta R_3}{R_3} + \frac{\Delta R_4}{R_4}\right) = \frac{K_0 e_0}{4}(\varepsilon_1 - \varepsilon_2 - \varepsilon_3 + \varepsilon_4) \tag{5-7}$$

式中，$K_0 = 1 + 2\mu =$ 常数（金属丝的应变系数或灵敏度）。

实际测试时，通常 $\varepsilon_1 = -\varepsilon_2 = -\varepsilon_3 = \varepsilon_4$，因此电桥选用如下三种连接方式得到的正电桥输出电压如式（5-8）～式（5-10）所示。

（1）半桥单臂接法：

$$e_y = \frac{K_0 e_0}{4}\varepsilon_1 \tag{5-8}$$

（2）半桥双臂接法：

$$e_y = \frac{K_0 e_0}{2}\varepsilon_1 \tag{5-9}$$

（3）全桥接法：

$$e_y = K_0 e_0 \varepsilon_1 \tag{5-10}$$

由此可见，当激励电压 e_0 稳定不变时，电桥输出电压与相对电阻增量之间呈线性关系。电阻的变化通过电桥变换成电压的变化，这就是直流电桥的变换原理。电桥接法不同，其灵敏度也不同，全桥接法可获得最大输出。

直流电桥在不平衡条件下工作时，激励电压不稳定、环境温度变化都会引起电桥输出变化，从而产生测量误差。为此，有时也采用平衡电桥。如图 5-5 所示，当某桥臂随被测量变化使电桥失衡时，调节电位器 R_5 使检流计 G 重新指零，实现电桥再次平衡。电位器指针 H 的指示值变化量表示被测物理量的数值。由于指示值是在电桥平衡状态形成的，所以测量误差取决于电位器和刻度盘的精确度而与激励电源电压稳定性无关。

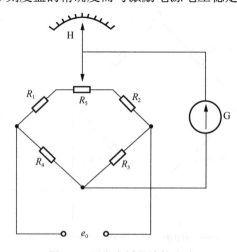

图 5-5　平衡电桥的连接方式

5.2.2　交流电桥

交流电桥的供桥电压一般是一正弦交流电压，即

$$U = U_m \cdot \sin(\omega t) \tag{5-11}$$

式中，U_m——供桥电压的幅值；

　　　ω——供桥电压的角频率。

桥臂元件可为电阻、电感或电容，故除电阻外还含有电抗，称为阻抗。各阻抗用指数形式表示为

$$\begin{aligned}
Z_1 &= Z_{01}\mathrm{e}^{\mathrm{j}\phi_1} \\
Z_2 &= Z_{02}\mathrm{e}^{\mathrm{j}\phi_2} \\
Z_3 &= Z_{03}\mathrm{e}^{\mathrm{j}\phi_3} \\
Z_4 &= Z_{04}\mathrm{e}^{\mathrm{j}\phi_4}
\end{aligned} \tag{5-12}$$

式中，Z_{0i}——各阻抗的模；

　　　ϕ_i——阻抗角，即各臂电流与电压的相位差。

当桥臂元件为纯电阻时，$\phi = 0$，电流与电压相同；为电感性阻抗时，$\phi > 0$；为电容性阻抗时，$\phi < 0$。

交流电桥的输出电压为

$$U_{\mathrm{BD}} = \frac{Z_1 Z_3 - Z_2 Z_4}{(Z_1 + Z_3)(Z_2 + Z_4)} U_m \sin(\omega t) \tag{5-13}$$

依据直流电桥的平衡关系，交流电桥的平衡条件为

$$Z_1 Z_3 = Z_2 Z_4 \tag{5-14}$$

即

$$Z_{01} Z_{03} \mathrm{e}^{\mathrm{j}(\phi_1 + \phi_3)} = Z_{02} Z_{04} \mathrm{e}^{\mathrm{j}(\phi_2 + \phi_4)} \tag{5-15}$$

也可写成

$$\begin{cases} Z_{01} Z_{03} = Z_{02} Z_{04} \\ \phi_1 + \phi_3 = \phi_2 + \phi_4 \end{cases} \tag{5-16}$$

上式表明，交流电桥平衡时，必须同时满足如下条件：

（1）两相对桥臂阻抗之模的乘积相等。

（2）它们的阻抗角之和相等。

为满足上述平衡条件，交流电桥的各桥臂可有如下组合方式：

（1）如果相邻两臂接入电阻，另两臂应接入性质相同的阻抗。例如，若 Z_1、Z_2 是电阻，则 Z_3 和 Z_4 应同为电感性阻抗或同为电容性阻抗，这样才可能使式（5-15）成立。

（2）如果相对两臂接入电阻，另两臂应接入性质不同的阻抗。例如，若 Z_1 和 Z_3 为电阻，Z_2 为电容性阻抗，则 Z_4 就应为电感性阻抗，或者相反。

（3）各桥臂均接入电阻性元件。

图 5-6 为常用电容电桥。两相邻桥臂 R_2 和 R_3 为固定无感电阻，另两臂为电容 C_1、C_4。R_1 和 R_4 为电容介质损耗等效电阻。电桥平衡时，有

$$(R_1 + \frac{1}{j\omega C_1})R_3 = (R_4 + \frac{1}{j\omega C_4})R_2 \tag{5-17}$$

$$R_1 R_3 + \frac{R_3}{j\omega C_1} = R_2 R_4 + \frac{R_2}{j\omega C_4} \tag{5-18}$$

由此可得该电容电桥的两个平衡条件，即

$$\begin{aligned} R_1 R_3 &= R_2 R_4 \\ R_3/C_1 &= R_2/C_4 \end{aligned} \tag{5-19}$$

可见，必须同时调节电阻和电容两个参数才能使电容电桥达到平衡。

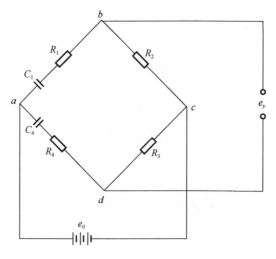

图 5-6　平衡电容电桥的连接方式

图 5-7 为常用电感电桥。其中 R_2、R_3 为固定无感电阻，L_1、L_4 为电感，而 R_1、R_4 则是电感线圈的等效有功电阻。电桥平衡条件可写成 $(R_1+j\omega L_1)R_3=(R_4+j\omega L_4)R_2$，即

$$R_1 R_3 + j\omega L_1 R_3 = R_2 R_4 + j\omega L_4 R_2 \tag{5-20}$$

于是可得电感电桥的电阻与电感平衡条件，即

$$R_1 R_3 = R_2 R_4$$
$$L_1 R_3 = L_4 R_2$$

（5-21）

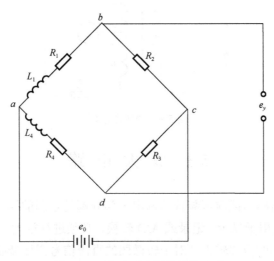

图 5-7　平衡电感电桥的连接方式

可见，对于电容电桥或电感电桥，除电阻平衡外，还要达到电容平衡或电感平衡。图 5-8 为纯电阻交流电桥，可见，桥臂元件均为电阻性元件，但在激励电压频率较高时，导线分布电容的影响不能忽略不计，结果相当于在桥臂上并联了一个电容。因此，除达到电阻平衡外，还必须达到电容平衡，图中 R_3 和 C 分别为电阻和电容平衡调节器。

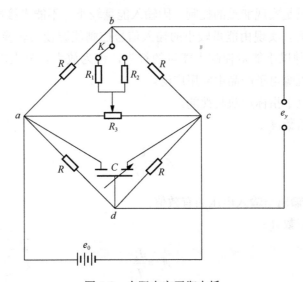

图 5-8　电阻电容平衡电桥

图 5-9 为变压器电桥。W_1 和 W_2 为差动变压器式电感传感器的电感线圈，与另外两个固定阻抗元件 Z_1、Z_2 接成桥式电路。变压器电桥以变压器原绕组与副绕组之间的耦合方式

引入激励电压或形成电桥输出，与普通交流电桥相比，变压器电桥具有精确度高、灵敏度高及性能稳定等优点。

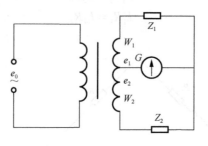

图 5-9　变压器电桥

5.3　放　大　电　路

　　在测试系统中，传感器或测试装置的输出大部分都是较弱的模拟信号，一般为毫伏级甚至微伏级，不能直接用于显示、记录或 A/D 转换，必须进行放大。对于直流或缓变信号，以前由于直流放大电路的漂移较大，对于较微弱的直流信号需要调制成交流信号，然后用交流放大电路放大，再解调成为直流信号。放大电路核心元件是集成运算放大器（放大电路又称为放大器，需要和集成运算放大器相区分），目前由于集成运算放大器性能的改善，已经可以组成性能良好的直流放大电路。集成运算放大电路根据其性能可分为通用型、高输入阻抗型、高速型、高精确度型、低漂移型、低功耗型等，可根据不同要求选用。利用运算放大器可组成反相输入放大电路、同相输入放大电路和差动输入放大电路。

　　所谓放大，实质是实现能量的控制，因输入能量较小，不能直接推动负载工作，因此需要另外加一个能源，实现由能量较小的输入信号控制能源使其转换成较大的能量输出，推动负载做功，这种以小能量控制大能量的行为，称为放大。放大电路在收音机、电视机、手机、遥控飞机等电子产品中应用广泛。

　　放大电路常用以下指标反映其性能。

　　（1）电压放大倍数 A_u：

$$A_u = \frac{U_o}{U_i} \tag{5-22}$$

式中，U_o 和 U_i——输出与输入电压的有效值。

　　（2）电流放大倍数 A_i：

$$A_i = \frac{I_o}{I_i} \tag{5-23}$$

式中，I_o 和 I_i——输出与输入电流的有效值。

（3）通频带。

由于电路中电抗元件和放大电路三极管之间电容的影响，放大倍数将随着信号频率的变化而变化，当频率很低或很高时，放大倍数都要下降，而在中间一段频率内，放大倍数基本不变，把放大倍数下降至中频率值 A_{um} 的 0.707 倍时所对应的频率范围称为通频带，即

$$B_w = f_h - f_l \tag{5-24}$$

式中，f_h 和 f_l——上、下限频率，通频带越宽，表明放大器的频率变化适应能力越强。

理想放大电路如图 5-10 所示。

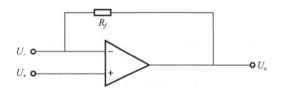

图 5-10 理想放大电路示意图

理想放大电路的反馈需从放大器的反相输入端引入，对于理想放大电路具有两个输入端电位相等，即虚短。此时同相输入端与反相输入端电压相等，即 $U_+ = U_-$，但由于两者并未真实连接在一起，则在两个输入端不取电流，即虚断，此时 $I_+ = I_- = 0$。

例 5-1 A 为理想运算放大器，如图 5-11 所示，分析出输出电压 U_o。

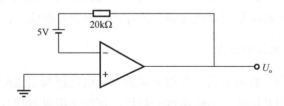

图 5-11 例 5-1 放大电路示意图

解：由于引入负反馈，利用放大电路虚短和虚断，因此 U_o 为 5V。

例 5-2 A 为理想运算放大器，如图 5-12 所示，求出输出电压 U_o。

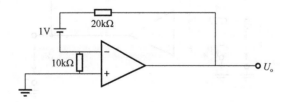

图 5-12 例 5-2 放大电路示意图

解：由理想运算放大器特性可得 $U_+ = U_- = 0$，流过 $10k\Omega$ 电阻的电流为0，流过 $20k\Omega$ 电阻的电流也为0，所以 $U_o = 1V$。

例 5-3 A 为理想运算放大器，如图 5-13 所示，求出输出电压 U_o。

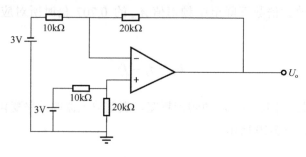

图 5-13   例 5-3 放大电路示意图

解：由理想运算放大器特性可得 $U_+ = U_- = \dfrac{20}{10+20} \times 3 = 2V$，则有

$$\frac{U_- - (-3)}{10} = \frac{U_o - U_-}{20}$$

解得 U_o 为 12V。

5.3.1　直流放大器

随着电子技术的发展，特别是大规模集成电路的发展，过去存在于直流放大器的极间耦合和零点漂移问题，得到了很好的解决，因而，直流放大式测量电路广泛应用到新一代的测试仪器中。其基本特征是采用直接耦合的方式进行信号的放大、传输和处理。

1. 直接耦合式放大器的特点

为了放大缓变信号，直流放大器采用多级放大，而前级与后级间是直接耦合，从而产生了极间静态工作点相互影响。为解决这一问题，可以采用阻容耦合、变压器耦合和直接耦合方式。直接耦合电路如图 5-14 所示，阻容耦合电路如图 5-15 所示，两级阻容耦合放大电路如图 5-16 所示。

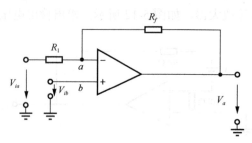

图 5-14　直接耦合电路

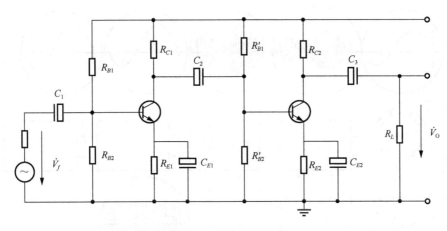

图 5-15　阻容耦合电路

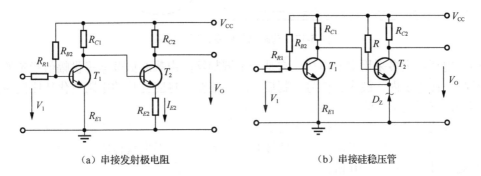

（a）串接发射极电阻　　　　　　　　　（b）串接硅稳压管

图 5-16　两级阻容耦合放大电路

前两种耦合方式的基本特征是采用电容和变压器隔直，极间静态工作点互不影响，但不能放大直流或缓变信号，且体积大，集成电路要制作耦合电容或电感元件是非常困难的，故不易集成化。而直接耦合式放大器能放大缓变信号，不用耦合电容，易于小型化和集成化。但极间静态工作点互相影响，静态参数计算复杂，而且很容易出现零点漂移。这是直接耦合式直流放大器必须解决的两大难题。

2. 差动式放大电路

为了解决极间耦合和零点漂移问题，常采用差动式放大电路，利用两个相同特性的三极管组成对称电路，并采用共模负反馈电路的方法，解决极间耦合和克服零点漂移问题。

特别是我国已从第一代集成运算放大器，发展到自稳零集成运算放大器，已经较好地解决了上述两个问题，并且获得了高稳定度、高精确度、高放大倍数的直流放大器，为测试仪器的发展提供了坚实的基础。

5.3.2　交流放大器

由于极间耦合和零点漂移问题难以解决，因此大多数应变测量仪器采用交流调制式传输方式，如 YD63、YD15 等动态电阻应变仪，其原理框图如图 5-17 所示。

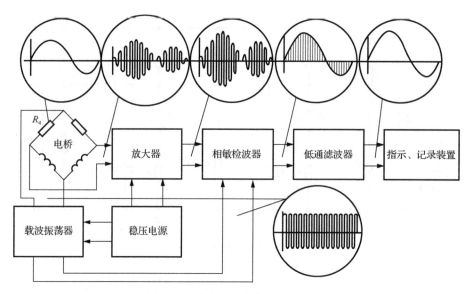

图 5-17　动态电阻应变仪原理框图

（1）电桥：大多采用交流电桥，它是一个调制器，由载波振荡器提供幅值稳定的载波作为桥压，在电桥内，被应变信号调制后变成调幅波，将应变片的电阻变化按比例转换成电压信号，然后送至交流放大器放大。

（2）载波振荡器：产生幅值稳定的高频正弦电压，简称载波。它既是调制器（电桥）的桥压，也是解调器的参考电压，为使被测应变信号实现不失真传输，应使载波电压的频率比被测信号频率高 5～10 倍。

（3）放大器：将电桥输出的微弱调幅电压信号进行不失真电压的功率放大，要求它有很高的稳定性。

（4）相敏检波器：它是由 4 个二极管组成环电路。利用振荡器提供的同一载波信号作为参考信号，在相敏检波器内辨别极性。放大的调幅波还原成与被测应变信号相同的波形。

（5）低通滤波器：相敏检波器输出的电压信号中，含有高频载波分量，为此应变仪设置有低通滤波器滤去高频成分，使输出信号还原成已放大的被测输入信号。

5.4　调制与解调

经过传感器变换后，被测信号一般需要先作交流放大，以便于进行传输、运算等后续处理。交流放大器不适于缓变信号的放大，直流放大器虽可作此类信号的直接放大，但存在零漂和极间耦合等问题。为此，常采用调制的方法把缓慢变化的信号变换成频率适当的交流信号，然后用交流放大器放大，经过传输、处理后，再使原来缓变信号得以恢复原样。这种变换过程称为调制与解调。

调制的含义是"成比例改变、调节"或"按一定规律控制"，即由被测的缓变信号控制、调节高频振荡信号的某个参数（幅值、频率或相位），使其按被测缓变信号的规律变化。在这个过程中，被测信号称为调制信号。调制信号的信息载于高频振荡信号中，故称高频振荡信号为载波，载波被调制后称为已调波。

调制分为调幅、调频和调相三种。当调制信号调节、控制载波的幅值时，所得已调波为调幅波，此过程称为调幅（AM）；当被控制的参数为载波的频率或相位时，则分别称为调频（FM）或调相（PM），已调波分别为调频波或调相波。调幅、调频应用较广泛。调制信号、载波和调幅波如图 5-18 所示。解调则是对已调波进行相应处理以恢复调制信号的过程。

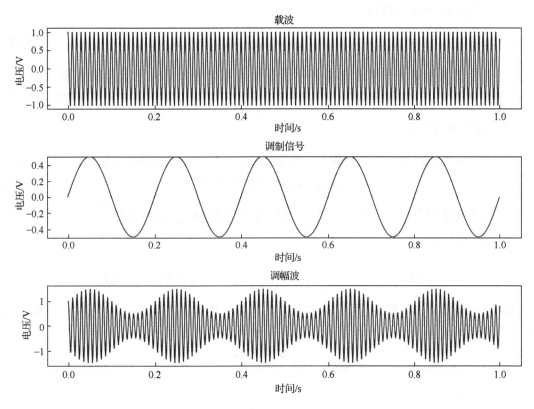

图 5-18　调制信号、载波和调幅波

5.4.1　调幅与解调

1. 调幅原理

交流电桥就是一种最简单的调幅装置，其输出为调幅波。设供桥电压 $U = U_m \sin(\omega t)$，则对于纯电阻电桥，单臂测量时，其输出电压为

$$U_{BD} = \frac{U}{4} K \frac{\Delta R}{R} = \frac{1}{4} KU\varepsilon = \frac{1}{4} K\varepsilon \cdot U_m \sin(\omega t) \tag{5-25}$$

（1）当 $\varepsilon=0$，$U_{BD} = 0$。

（2）当 $\varepsilon=A$（常数），若 $A>0$（拉应变）输出：

$$U_{BD} = \frac{1}{4} KA \cdot U_m \sin(\omega t) \tag{5-26}$$

若 $A<0$（压应变）输出：

$$U_{BD} = \frac{1}{4}K(-A)\cdot U_m\sin(\omega t)$$
$$= \frac{1}{4}KA\cdot U_m\sin(\omega t + \pi) \tag{5-27}$$

（3）当 $\varepsilon = E\sin(\omega_R t)$ 时：

$$U_{BD} = [\frac{1}{4}K\cdot E\cdot U_m\sin(\omega_R t)]\cdot\sin(\omega t), \quad \omega_R \ll \omega \tag{5-28}$$

可见，调幅是将一个高频简谐信号与低频的测试信号相乘，使高频信号幅值随测试信号的变化而变化。实际应用中，性能良好的线性乘法器、霍尔元件等均可作调幅装置。

2. 调幅波的频谱

由傅里叶变换性质可知，当两个信号在时域相乘时，它们的频谱函数进行卷积，即

$$x(t)\cdot y(t) \Leftrightarrow X(f)*Y(f) \tag{5-29}$$

假设载波是频率为 f_0 的余弦信号，于是有 $\cos(2\pi f_0 t) \Leftrightarrow \frac{1}{2}\delta(f-f_0)+\frac{1}{2}\delta(f+f_0)$，则调幅波的时、频域关系为

$$x(t)\cdot\cos(2\pi f_0 t) \Leftrightarrow \frac{1}{2}X(f)*\delta(f-f_0)+\frac{1}{2}X(f)*\delta(f+f_0) \tag{5-30}$$

即调幅波的频谱相当于原信号频谱幅值减半，然后平移到载波频谱的一对脉冲谱线处，如图 5-19 所示。

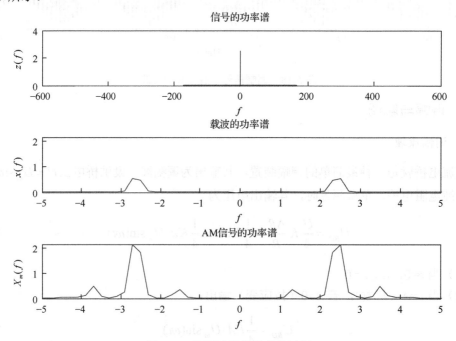

图 5-19　调幅波的频谱变换过程

按照这一思路，若将调幅波与原载波再次相乘，即再次进行频谱"搬移"，若用低通滤波器滤除高频成分，则得到原信号频谱，仅其幅值减小一半。通过放大即可使该频谱完全恢复原样，则由此解除调制，复现原信号。根据定义，上述处理就是信号的解调过程，即

$$x(t)\cos(2\pi f_0 t)\cos(2\pi f_0 t) = 1/2x(t) + 1/2x(t)\cos(4\pi f_0 t) \tag{5-31}$$

由于要求载波与解调时所使用的信号具有相同的频率和相位，故上述过程称同步解调。由分析可知，为使频谱不产生混叠，减小时域波形失真，载波频率必须高于调制信号频带的最高频率。但载波频率受电路截止频率等因素约束，不可过高，通常取载波频率为调制信号频带最高频率的十倍或数十倍。

3. 整流检波与相敏检波

除同步解调外，整流检波和相敏检波是常用的调幅波解调方法。如图 5-20 所示，调制信号不发生极性变化时，相应的调幅波包络线与调制信号波形比较接近。对该调幅波作整流（半波或全波整流）和低通滤波处理就能复现原输入信号。不满足上述要求的调制信号，可通过与数值适当的偏置直流分量叠加（相当于"垫鞋跟"，使其偏置信号都具有正电压）处理，解调（经二极管整流和低通滤波）后，再准确地减去所加偏置直流电压分量，即可复现原输入信号。在实际中，调幅信号的解调一般不用乘法器，而是常常采用二极管整流检波器。当经偏置直流分量叠加处理后未能达到使信号电压都在零线检测时，这时可利用相敏检波器，这是一种能按调幅波与载波相位差判别调制信号极性的解调器。

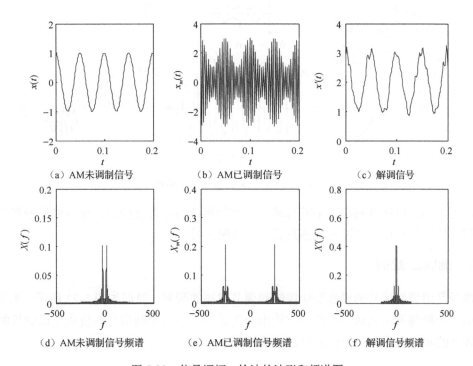

（a）AM未调制信号　　（b）AM已调制信号　　（c）解调信号

（d）AM未调制信号频谱　　（e）AM已调制信号频谱　　（f）解调信号频谱

图 5-20　信号调幅、检波的波形和频谱图

图 5-21 为相敏检波的电路图，从图中可知：

（1）调制信号 $x(t)>0$ 时，调幅波 $x_m(t)$ 与载波 $y(t)$ 同相位，如图中 $O\sim a$ 段所示。在载波的正半周时，二极管 D_1 导通，电流的流向为 $f-a-D_1-b-e-g-f$；在载波的负半周时，由于调幅波与载波相位相同，变压器 A 和 B 的极性同时变成与载波正半周时相反的状态，此时，D_3 导通，电流的流向为 $f-e-D_3-d-e-g-f$，但电流流过负载 R_f 的方向与载波正半周时的电流流向相同，这样，相敏检波器使调幅波的 $O\sim a$ 段均为正。

（2）调制信号 $x(t)<0$ 时，调幅波 $x_m(t)$ 与载波的相位相反，如图 $a\sim b$ 段所示。当载波为正时，变压器 B 的极性如图所示，变压器 A 的极性应与图示相反，这时 D_2 导通，电流的流向为 $f-g-e-b-D_2-c-f$；当载波为负时，D_4 导通，电流的流向为 $f-g-e-d-D_4-a-f$。无论载波为正或为负，流过负载 R_f 的电流方向与调制信号 $x(t)>0$ 时的电流方向相反。

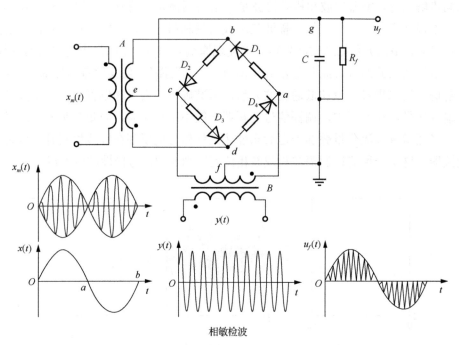

相敏检波

图 5-21   信号的相敏检波电路图

可见，相敏检波器利用调幅波与载波之间的相位关系进行检波，使检波后波形包络线与调制信号波形相似，经过低通滤波后可得调制信号。

5.4.2   调频与解调

调频是用调制信号的幅值变化控制和调节载波的频率，原理如图 5-22 所示。通常，调制是由一个振荡器来完成。振荡器的输出即为振荡频率与调制信号幅值成正比的等幅波，即调频波的频率有一定的变化范围，其瞬时频率可表示为

$$f = f_0 \pm \Delta f \tag{5-32}$$

式中，f_0——载波频率，或称调频波中心频率；

Δf——频率偏移，或称调频波的频偏。

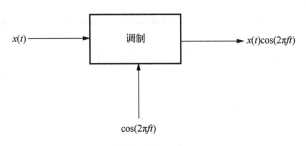

图 5-22　频率调制原理图

调频波与调制信号，如图 5-23 所示。当调制信号 $x(t)$ 为零时，调频波的频率等于其中心频率；$x(t)$ 为正时调频波频率升高，为负时降低。

频率调制器有压控振荡器、变容二极管调频振荡器和谐振频率调制器等，这里只介绍测试装置中应用较多的谐振调频或称直接调频的原理。

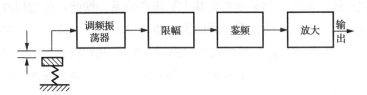

图 5-23　调频波与调制信号

电容（或电感）的变化将使调频振荡器的振荡频率发生相应的变化，谐振频率为

$$f = \frac{1}{2\pi\sqrt{LC}} \tag{5-33}$$

对式（5-28）进行微分，有

$$\frac{\mathrm{d}f}{\mathrm{d}C} = -\frac{f}{2C} \tag{5-34}$$

设当电容量为 C_0 时，振荡器频率为 f_0，且电容变化量 $\Delta C \ll C_0$，ΔC 引起的频率偏移为

$$\Delta f = -\frac{f_0 \Delta C}{2C_0} \tag{5-35}$$

则电容调谐调频器的频率为

$$f = f_0 \pm \Delta f = f_0 \left(1 \mp \frac{\Delta C}{2C_0}\right) \tag{5-36}$$

　　调频波的解调又称为鉴频，是将频率变化的等幅调频波按其频率变化复现调制信号波形的变换。振幅鉴频器是一种简单的调频解调器，其原理图如图 5-24 所示。

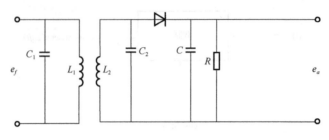

图 5-24　振幅鉴频器

　　图中 L_1、L_2 是耦合变压器的原、副边线圈，分别与 C_1、C_2 组成并联谐振回路。调频波 e_f 经过 L_1、L_2 耦合，加在 L_2C_2 谐振回路上，在它的两端获得频率-电压特性曲线。当调频波频率 f 等于并联谐振回路的固有频率 f_{2n} 时，e_a 有最大值；当 f 值偏离回路固有频率 f_{2n} 时，则 e_a 值下降。e_a 的频率虽然与 e_f 的频率一致，但幅值却随 f 的变化而改变。在特性曲线中取一段近似直线，电压 e_a 与频率变化基本呈线性关系。据此，使调频波的中心频率 f_0 处于该近似直线段的中点，从而使调频波的振幅随其频率高于（或低于）中心频率 f_0 而增大（或减小），成为调频-调幅波。经过线性变换后，调频-调幅波再经过幅值检波、低通滤波后可实现解调，复现调制信号，信号调频、鉴频的波形及频谱如图 5-25 所示。

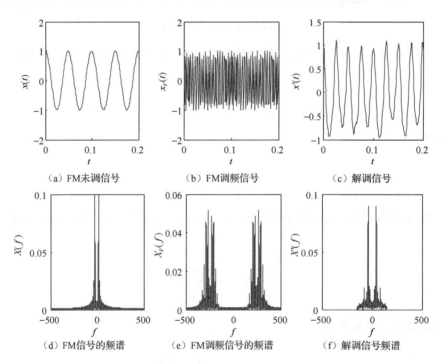

图 5-25　调频、鉴频过程波形及频谱图

5.5　滤　波　器

滤波器的作用是使信号中的特定频率成分通过，而抑制或极大地衰减其他频率成分。滤波器是频谱分析和滤除干扰噪声的频率选择装置，广泛应用于各种自动检测、自动控制装置中。

根据选频特性，一般将滤波器分为低通、高通、带通和带阻滤波器四类，图 5-26 分别为这四种滤波器的幅频特性，其中虚线为理想滤波器的幅频特性。

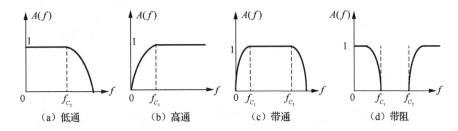

图 5-26　低通、高通、带通及带阻四类滤波器的幅频特性

低通滤波器是指通带 $0 \sim f_{C_2}$ 内信号各频率成分无衰减地通过滤波器，高于 f_{C_2} 的频率成分受到阻止；高通滤波器则与低通滤波器相反，频率低于 f_{C_1} 的带外低频成分不能通过滤波器；带通滤波器的通带为 $f_{C_1} \sim f_{C_2}$，其他频率范围均为阻带，信号中频率处于通带内的成分可以通过，阻带内的频率成分受到阻止，不能通过带通滤波器；带阻滤波器与带通滤波器互补，其阻带为 $f_{C_1} \sim f_{C_2}$。

滤波器还有其他分类方法。例如，根据构成元件类型，可分为 RC、LC 或晶体谐振滤波器等；根据所用电路，可分为有源滤波器和无源滤波器；按工作对象可分为模拟滤波器和数字滤波器等。这里只介绍模拟滤波器的有关问题。

如图 5-27 所示，只需规定截止频率就可以得知理想带通滤波器的性能，而实际滤波器却要复杂得多，实际带通滤波器的幅频特性如图 5-28 所示。由于其特性曲线无明显的转折点，两截止频率之间的幅频特性并非常数，因此，必须用更多参数来描述实际滤波器的特性。带通滤波器比较典型，下面重点介绍实际带通滤波器的主要参数。

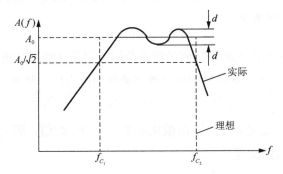

图 5-27　带通滤波器的幅频特性示意图

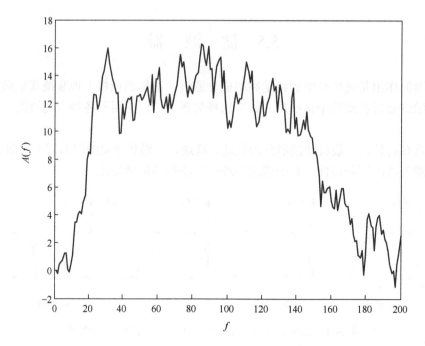

图 5-28　实际带通滤波器的幅频特性

5.5.1　滤波器特性及描述

1. 纹波幅度 d

在一定频率范围内，实际滤波器的幅频特性可能有波动，d 值为幅频特性的最大波动值。一个优良的滤波器，d 与 A_0 相比，应满足 $d \ll A_0 / \sqrt{2}$（-3dB）。

2. 截止频率 f_C

幅频特性值等于 $A_0 / \sqrt{2}$ 对应的频率称为滤波器的截止频率，记作 f_C（图 5-27 中的 f_{C_1} 和 f_{C_2}）。以 A_0 为参考值，$A_0 / \sqrt{2}$ 对应-3dB，所以上述截止频率又称为-3dB 频率。若以信号的幅值平方表示信号功率，则截止频率对应的点正好是半功率点。

3. 带宽 B 和中心频率 f_0

带通滤波器上、下两截止频率之间的频率范围称为其通频带带宽，或-3dB 带宽，记作 $B = f_{C_2} - f_{C_1}$（Hz）。滤波器分离信号中相邻频率成分的能力称为频率分辨力。带宽表示滤波器的频率分辨力。

滤波器的中心频率 f_0 是指上、下两截止频率的几何平均值，即 $f_0 = \sqrt{f_{C_1} \cdot f_{C_2}}$。它表示滤波器通频带在频率域的位置。

4. 选择性

实际滤波器的选择性是一个特别重要的性能指标。过渡带的幅频特性曲线的斜率表明其幅频特性衰减的快慢，它决定着滤波器对通频带外频率成分衰减的能力。过渡带内幅频特性衰减越快，对通频带外频率成分衰减能力就越强，滤波器选择性就越好。描述选择性的参数如下。

1）倍频程选择性

上截止频率 f_{C_2} 与 $2f_{C_2}$ 之间或者下截止频率 f_{C_1} 与 $f_{C_1}/2$ 之间为倍频程关系。频率变化一个倍频程时，过渡带幅频特性的衰减量称为滤波器的倍频程选择性，以 dB 表示。显然，衰减越快，选择性越好。

2）滤波器因数（矩形系数）

滤波器幅频特性的-60dB 带宽 $B_{-60\text{dB}}$ 与 -3dB 带宽 $B_{-3\text{dB}}$ 之比称为滤波器因数，记作 λ，即

$$\lambda = \frac{B_{-60\text{dB}}}{B_{-3\text{dB}}} \tag{5-37}$$

对于理想滤波器有 $\lambda = 1$，对于常用滤波器，λ 一般为 1～5。显然滤波器因数 λ 越接近 1，其选择性越好。由于理想滤波器具有矩形幅频特性，所以滤波器因数 λ 又称为矩形系数。

5. 品质因数（Q 值）

带通滤波器中心频率 f_0 与带宽 B 之比称为滤波器的品质因数，称作 Q 值，即

$$Q = \frac{f_0}{B} \tag{5-38}$$

Q 值越高，选择性越好。例如中心频率 $f_{01} = f_{02} = 500\text{Hz}$ 的两个带通滤波器，$Q_1 = 50$，$Q_2 = 25$，滤波器 1 的带宽 $B_1 = 10\text{Hz}$，滤波器 2 的带宽 $B_2 = 20\text{Hz}$。可见滤波器 1 的频率分辨力比滤波器 2 高 1 倍，所以其选择性优于滤波器 2。

5.5.2　无源 RC 滤波器

无源 RC 滤波器是测试装置中应用最广泛的一种滤波器。

1. 无源 RC 低通滤波器

无源 RC 低通滤波器（图 5-29）电路的输入信号为 e_x，输出信号为 e_y。电路的微分方程、频率响应、幅频特性和相频特性分别为

$$RC\frac{\text{d}e_y}{\text{d}t} + e_y = e_x \tag{5-39}$$

$$H(\mathrm{j}\omega) = \frac{1}{1 + \mathrm{j}\omega\tau} \tag{5-40}$$

$$A(\omega) = \frac{1}{\sqrt{1 + \omega^2\tau^2}} \tag{5-41}$$

$$\varphi(\omega) = -\arctan(\omega\tau) \tag{5-42}$$

式中，$\tau = RC$——时间常数。

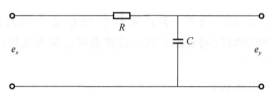

图 5-29 无源 RC 低通滤波器

当 $\omega \ll 1/RC$ 时，信号几乎不受衰减地通过滤波器，这时幅频特性等于 1，相频特性近似于一条通过原点的直线，即 $\varphi(\omega) \approx \omega\tau$。因此，可以认为，在此情况下 RC 低通滤波器为不失真传输系统。

当 $\omega = 1/RC = 1/\tau$ 时，幅频特性值为 $1/\sqrt{2}$，即

$$f_{C_2} = \frac{1}{2\pi RC} \tag{5-43}$$

可见，改变 RC 参数就可改变无源 RC 低通滤波器的截止频率。

可以证明，无源 RC 低通滤波器在 $\omega \gg 1/\tau$ 的情况下，输出 e_y 与输入 e_x 的积分成正比，即

$$e_y = \frac{1}{RC}\int e_x \mathrm{d}t \tag{5-44}$$

此时，它对通带外的高频成分衰减率仅为 6dB/oct（或-20dB/dec）。

2. 无源 RC 高通滤波器

图 5-30 为无源 RC 高通滤波器电路。其微分方程、频率响应、幅频和相频特性分别为

$$e_y + \frac{1}{RC}\int e_y \mathrm{d}t = e_x \tag{5-45}$$

$$H(\omega) = \frac{\mathrm{j}\omega\tau}{1 + \mathrm{j}\omega\tau} \tag{5-46}$$

$$A(\omega) = \frac{\omega\tau}{\sqrt{1 + \omega^2\tau^2}} \tag{5-47}$$

$$\varphi(\omega) = -\arctan\frac{1}{\omega\tau} \tag{5-48}$$

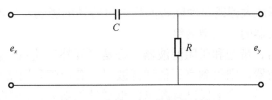

图 5-30　无源 RC 高通滤波器

当 $\omega \gg 1/\tau$ 时，$A(\omega) \approx 1$，$\varphi(\omega) \approx 0$，无源 RC 高通滤波器可视为不失真传输系统。滤波器截止频率为

$$f_{C_1} = \frac{1}{2\pi RC} \tag{5-49}$$

当 $\omega \ll 1/\tau$ 时，高通滤波器的输出 e_y 与输入 e_x 的微分成正比，起着微分器的作用。

3. 无源 RC 带通滤波器

上述一阶高通滤波器与一阶低通滤波器在一定条件下串联而成的电路可视为无源 RC 带通滤波器的最简单结构，如图 5-31 所示。

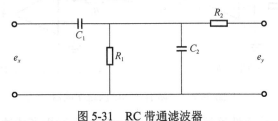

图 5-31　RC 带通滤波器

当 $R_2 \gg R_1$ 时，低通滤波器对前面的高通滤波器影响极小。因此可把带通滤波器的频率响应看成高通滤波器与低通滤波器频率响应的乘积，即

$$H(\omega) = \frac{\mathrm{j}\omega\tau_1}{(1+\mathrm{j}\omega\tau_1)(1+\mathrm{j}\omega\tau_2)} \tag{5-50}$$

串联所得的带通滤波器以原高通滤波器的截止频率为其下截止频率，即

$$f_{C_1} = \frac{1}{2\pi\tau_1} \tag{5-51}$$

其上截止频率为原低通滤波器的截止频率，即

$$f_{C_2} = \frac{1}{2\pi\tau_2} \tag{5-52}$$

5.5.3　有源 RC 滤波器

上述低阶无源滤波器的选择主要取决于滤波器传递函数的阶次。无源 RC 滤波器串联虽然可提高阶次，但受极间耦合影响，其效果将是递减的，而信号的幅值也将逐级减弱。为此，常采用有源 RC 滤波器。

有源滤波器由 RC 网络和有源器件组成。目前以运算放大器作有源器件构成的有源 RC

滤波器应用广泛。运算放大器既可消除极间耦合对特性的影响，又可起信号放大作用。RC网络通常作为运算放大器的负反馈网络。

低通和高通滤波器、带通和带阻滤波器正好是"互补"关系。若在运算放大器的负反馈回路中接入高通滤波器，则得到有源低通滤波器。若用带阻网络作负反馈，则可得到有源带通滤波器，反之亦然。这里仅以有源 RC 低通滤波器为例说明有源滤波器的构成方法及特点。

图 5-32 是一阶有源 RC 低通滤波器的两种基本接法。图 5-32（a）是将一阶有源 RC 低通滤波器接在运算放大器的正输入端，其中 R_F 为负反馈电阻，R_F 与 R_1 决定运算放大器的工作状态。显然这种接法的截止频率只取决于 R 和 C，即 $f_C = 1/(2\pi RC)$，其放大倍数 $K=1+R_F/R_1$。图 5-32（b）中 C 和 R_1 对输出端来说是无源 RC 高通滤波器，起负反馈的作用。由此构成的有源 RC 低通滤波器，其截止频率与负反馈电阻、电容有关，即 $f_C = 1/(2\pi R_F C)$，放大倍数 $K=R_F/R_1$。

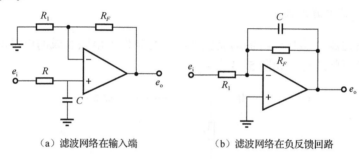

(a) 滤波网络在输入端   (b) 滤波网络在负反馈回路

图 5-32   一阶有源 RC 低通滤波器

一阶有源滤波器对选择性虽然并无改善，但为通过串联提高滤波器的阶次提供了条件。二阶有源滤波器中采用多路负反馈形式，目的在于削弱反馈电阻在调谐频率附近的负反馈作用，改善滤波器的特性。

5.6　测试转换器

测试中许多信号是模拟信号，如力、位移等，它们都是时间的连续变量。经过传感器变换后，代表被测量的电压或电流信号的幅值在连续时间内取连续值，为模拟信号。

模拟信号可以直接记录、显示或存储。但把模拟信号转换成数字信号，对信号记录、显示、存储、传输及分析处理等都是非常有益的。随着计算机技术在测试领域的应用，诸如波形存储、数据采集自动测试等，既需要进行模数转换，也需要把数字信号转换成模拟信号以推动控制系统执行元件或者做模拟记录或显示。

把模拟信号转换为数字信号的装置，称为模数转换器，或称 A/D 转换器；反之，将数字信号转换成模拟信号的装置称为数模转换器，或称为 D/A 转换器。现在有许多 A/D 和 D/A 集成电路芯片和各种 A/D 与 D/A 转换组件可供选用，而且其应用已相当广泛。本节介绍 A/D 转换器和 D/A 转换器工作原理和应用的基本知识。

5.6.1　数模转换器

D/A 转换器是把数字量转换成电压、电流等模拟量的装置。D/A 转换器的输入为数字量 D 和模拟参考电压 E，其输出模拟量 A 可表示为

$$A=DE_1 \tag{5-53}$$

式中，E_1——数字量最低有效数位对应的单位模拟参考电压；

数字量 D——一个二进制数，其最高位（即最左面的一位）是符号位，设 0 代表正，1 代表负。

图 5-33 中以一个 4 位 D/A 转换器说明其输入与输出的关系。

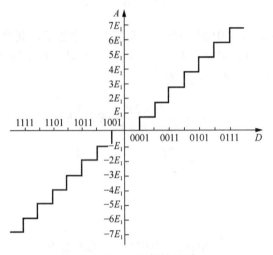

图 5-33　D/A 转换关系

D/A 转换器电路形式较多，在集成电路中多采用 T 形电阻解码网络。图 5-34 是一种常见的 R-$2R$ 型 T 形电阻解码网络 D/A 转换器工作原理图。图中运算放大器接成跟随器形式，其输出电压 e_o 跟随输入电压 e_i，且输入阻抗高、输出阻抗低，起阻抗匹配作用。开关 S_0~S_3 的状态由二进制数的各位 a_0~a_3 控制。若 a_i=0，表示接地；若 a_i=1，则按参考电压 E。各个开关的不同状态可以改变 T 形电阻解码网络的输出电压 e_o。

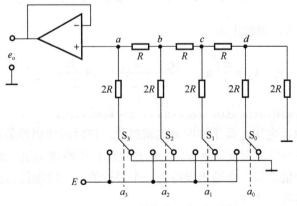

图 5-34　D/A 转换器工作原理图

根据二进制计数表达式：

$$D = \sum_{i=0}^{n-1} a_i 2^i \tag{5-54}$$

式中，n——二进制数的位数，n 是正整数。

如果输入的数字量为 $a_3a_2a_1a_0 = 1000$，如前所述，开关 S_3 接参考电压 E，其余接地。容易求出，节点 a 右边的网络电阻等效值为 $2R$。由此可知，a 点电压为

$$e_a = \left(\frac{2R}{2R+2R}\right)E = \frac{1}{2}E \tag{5-55}$$

如输入数字量为 $a_3a_2a_1a_0 = 0100$，则开关 S_2 接参考电压 E，其余接地。此时，b 点通过电阻 $2R$ 接参考电压 E，而且同时有左、右两组接地电阻。其左接地网络电阻为 $3R$，右接地网络电阻为 $2R$。因此，e_b 和 e_a 此时为

$$e_b = \frac{3R//2R}{3R//2R+2R}E = \frac{3}{8}E \tag{5-56}$$

$$e_a = \frac{2R}{2R+R}e_b = \frac{1}{4}E = \frac{1}{2^2}E \tag{5-57}$$

同理，有

$$当 a_3a_2a_1a_0 = 0100 \text{ 时，} \quad e_a = \frac{1}{2^3}E \tag{5-58}$$

$$当 a_3a_2a_1a_0 = 0001 \text{ 时，} \quad e_a = \frac{1}{2^4}E \tag{5-59}$$

由电路分析可知，如果输入的二进制数为 $a_3a_2a_1a_0 = 1111$，则运用叠加原理可得

$$e_a = \left(\frac{1}{2} + \frac{1}{2^2} + \frac{1}{2^3} + \frac{1}{2^4}\right)E = \frac{E}{2}\left(1 + \frac{1}{2} + \frac{1}{2^2} + \frac{1}{2^3}\right) \tag{5-60}$$

n 位二进制数输入，则输出电压

$$e_o = e_a = \frac{E}{2}\left(a_{n-1} + \frac{a_{n-2}}{2} + \frac{a_{n-3}}{2^2} + \ldots + \frac{a_1}{2^{n-2}} + \frac{a_0}{2^{n-1}}\right) \tag{5-61}$$

可见，D/A 转换器的输出模拟电压与输入的二进制数成正比。

D/A 转换器的输出电压 e_o 是采样时刻的瞬时值，在时间域仍然是离散量。若要恢复原来的连续波形，还需经过波形复原处理，一般通过保持电路来实现。如图 5-35 所示，零阶保持器是在两个采样值之间，令输出保持上一个采样值；一阶保持器是在两采样值间，使输出为两个采样值的线性插值。

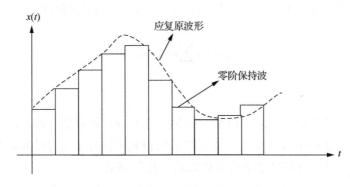

图 5-35　波形复原

由上图可知，如果采样频率足够高，量化增量足够小，即参考电压 E 一定，数字量的字长足够大，则 D/A 转换器（包括保持器）可以相当精确地恢复原波形。

5.6.2　模数转换器

在 A/D 转换的过程中，输入的模拟信号在时间上是连续的，而输出的数字量是离散的，所以 A/D 转换是在一系列选定的瞬时（即时间坐标轴上的某些规定点）对输入的模拟信号采样，对采样值进行量化，从而转换成相应的数字量。A/D 转换过程如图 5-36 所示。

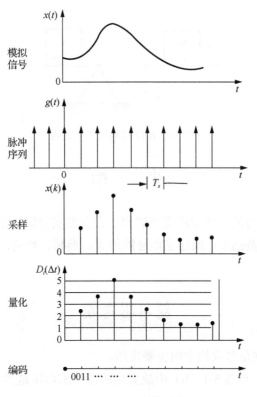

图 5-36　A/D 转换过程

采样是将模拟信号 $x(t)$ 和一个等间隔的脉冲序列（称为采样脉冲序列）$g(t)$ 相乘，其中

$$g(t) = \sum_{-\infty}^{\infty} \delta(t - kT_s)$$ （5-62）

式中，T_s——采样间隔。

由于 δ 函数的筛选性质，采样以后只在离散点 $t = kT_s$ 处有值，即 $x(kT_s)$。离散时间信号 $x(kT_s)$ 又可表示为 $x(k)$，$k=0,1,2,\cdots$。采样后所得到的信号 $x(k)$ 为时间离散的脉冲序列，但其幅值仍为模拟量，只有经过幅值量化以后才能得到数字信号。

用一些幅度不连续的数字来近似表示信号幅值的过程称为幅值量化，然后再用一组二进制代码来描述已量化的幅值。

幅值量化的过程可以用天平称量质量 m_x 的过程来说明，如图 5-37 所示。未知质量 m_x 可以是天平称量范围内的任意数值，是一个模拟量。设 m_R 为标准单元质量（砝码），则可用已知的标准单元质量 m_R 的个数来近似表示 m_x。

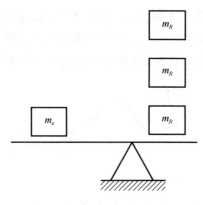

图 5-37 A/D 转换与称重过程

小　结

本章主要介绍了信号的一些中间变换装置。在介绍实现间接电量向直接电量转换的直流电桥和交流电桥电路基础上，阐述了信号的放大、调制、解调、滤波及 A/D 转换等各种信号中间处理过程。

复习思考题

1. 简述电桥电路在信号变换中的主要作用。

2. 求题图 5-1（a）和图 5-1（b）中放大电路的输出电压是多少？

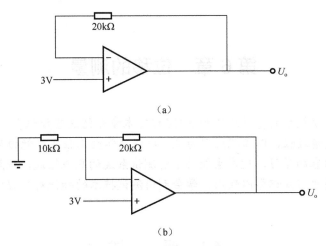

题图 5-1　放大器示意图

3．什么是信号的调制，根据调制方式不同，可以有几种调制方式？

4．简述滤波器的分类，在实际中如何利用所学知识搭建滤波电路？

5．滤波器的主要参数都是什么？

6．描述相敏检波在信号调制与解调中的作用和基本工作原理。

第6章 位移的测量

前5章介绍测试技术的基础理论和基础知识，本章介绍这些知识在工程实践中的应用，主要介绍位移的测量过程，以工程应用为主，以提高学生工程实践能力和创新能力。

通过对本章内容的学习，使学生能够了解测试系统的基本组成，理解测试技术基本原理；能够对所学的测试知识学以致用，学会利用测试技术的知识对工程实践中的常规工程量进行测量。

6.1 概　　述

在工程技术领域里，常常需要对各种机械量进行测量，包括机械位移测量、机械振动测量、应力应变测量、液体参量测量、温度湿度测量及噪声测量等。

机械工程中的被测量具有不同的物理特性和量纲。例如机器在运行过程中，会产生振动、噪声、构件内部的应力应变及管道容器内的流体压力等各种各样的信号。现代机械工程测试中广泛采用的机械量电测原理和技术，就是使用传感器将这些不同物理特性的信号转换为电信号。如果电信号随时间的变化规律与物理量随时间的变化规律相同，即波形不失真，那么对电信号的分析处理就等同于对原工程信号的分析处理。

机械工程测试使用的传感器种类繁多。同种物理量可以用多种转换原理（敏感元件不同）的传感器来检测，如加速度计按其敏感元件不同就有压电式、应变式和压阻式等多种。同一转换原理可被用于不同测量对象的传感器中，如应变式位移传感器、应变式加速度计和应变式拉压力传感器等。在这些传感器中，位移、加速度和拉压力等先由不同原理的转换机构转变为应变量，再被应变敏感元件——应变计转换为电信号。

在机械工程测试中，传感器一般由转换机构和敏感元件两部分组成，转换机构将一种机械量转变为另一种机械量，后者则将机械量转换为电量，有些结构简单的传感器则只有敏感元件部分。传感器输出的电信号分为两类，一类是电压、电荷及电流，另一类是电阻、电容和电感等电参数，它们通常比较微弱不适合直接分析处理。因此传感器往往与配套的前置放大器连接或者与其他电子元件组成专用的测量电路，最终输出幅值适当、便于分析处理的电压信号。传感器和前置放大器或测量电路具有不可分性，有些传感器将和配套的前置放大器或相关测量电路一起介绍。

6.2 位移的测量方法

位移是一种常见的运动量，是线位移和角位移的总称。位移是向量，表示物体上某一点在一定方向上的位置变动。位移测量在机械工程中应用很广泛，在机械工程中不仅经常要求精确地测量零部件的位移或位置，而且在力、压力、扭矩、速度、加速度、温度、流量、物位等重要参数的测量中，也经常以位移测量为基础。电容式位移传感器、电感式位移传感器一般用于小位移的测量（1～1mm）。差动变压器式位移传感器用于中等位移的测量（1～100mm），这种传感器在工业测量中应用得较多。表 6-1 列出了机械位移测量常用的传感器及其主要性能。电位器式位移传感器适用于较大范围位移的测量，但精确度不高。光栅、磁栅、感应同步器和激光位移传感器用于位移的精密测量，测量精确度高（可达 ±1μm），量程也可达到几米。

表 6-1　机械位移测量常用传感器及其主要性能

类型		测量范围	精确度	线性度	特点
滑线式位移传感器	线位移	1～300mm	0.1%	±0.1%	分辨率较高，可用于静态测量
	角位移	0°～360°	0.1%	±0.1%	和动态测量，机械结构不牢固
变阻式位移传感器	线位移	1～1000mm	0.5%	±0.5%	分辨率低、电噪声大，
	角位移	0～60 周	0.5%	±0.5%	机械结构牢固
应变片式位移传感器	非粘贴式	±0.15%应变	0.1%	±0.1%	不牢固
	粘贴式	±0.3%应变	2%～3%	—	牢固，需要温度不高和 高绝缘电阻
	半导体式	±0.25%应变	2%～3%	满刻度±20%	输出大、对温度敏感
电容式位移传感器	变面积	10^{-3}～100mm	0.005%	±1%	温度稳，定性强，不易受温度的 影响，测量范围小，线性范围也
	变极距	10^{-3}～10mm	0.1%		小，分辨率很高
电感式位移传感器	自感变间隙式	±0.2mm	1%	±3%	限于微小位移测量
	螺管式	1.5～2mm	—	—	—
	特大型	200～300mm	—	0.15%～1%	方便可靠，动态特性差
差动变压器式位移传感器		±75mm	±0.5%	±0.5%	分辨率很高，有干扰磁场时 需屏蔽
电涡流式位移传感器		0～100mm	±1%～3%	<3%	分辨率很高，受被检测物体材质、 形状、加工质量影响
同步机式位移传感器		360°	0.1°～0.7°	±0.05%	对温度、湿度不敏感，可在 120r/min 转速下工作
微动同步器式位移传感器		±10°	—	±0.05%	
旋转变压器式位移传感器		±60°	—	±0.1%	非线性误差与电压比及 测量范围有关

6.2.1　差动变压器位移测量方法

1. 原理

差动变压器式位移传感器测量的基本量仍然是位移。它可以作为精密测量仪的主要部件，对零件进行多种精密测量工作，如内径、外径、不平行度、粗糙度、不垂直度、振摆、偏心和椭圆度等。当差动变压器式位移传感器作为轴承滚动自动分选机的主要测量部件时，可以分选大、小钢球、圆柱、圆锥等；也可用于测量各种零件膨胀、伸长、应变等。

　　差动变压器式位移传感器是利用线圈的互感作用将机械位移转换为感应电动势的仪器，实质上差动变压器式位移传感器就是一个特制的变压器，工作时初级线圈输入交流电压激励源，另外，结构及各种参数完全相同的两个次级线圈按电动势反向串接，输出的是两个次级线圈感应电动势的差值，因此该形式传感器也常称为差动变压器式位移传感器。图 6-1 为各种差动变压器式位移传感器结构示意图，也可分为变气隙式、变面积式和螺管式三种类型。同样，变气隙式的灵敏度较高，量程小，适于测量几微米到几百微米的位移；如图 6-1（c）、图 6-1（d）所示的变面积式适于测量角位移，其分辨率可达零点几角秒的角位移，线性范围 ±10″；螺管式的灵敏度低，但可测量几毫米至 1m 的位移。

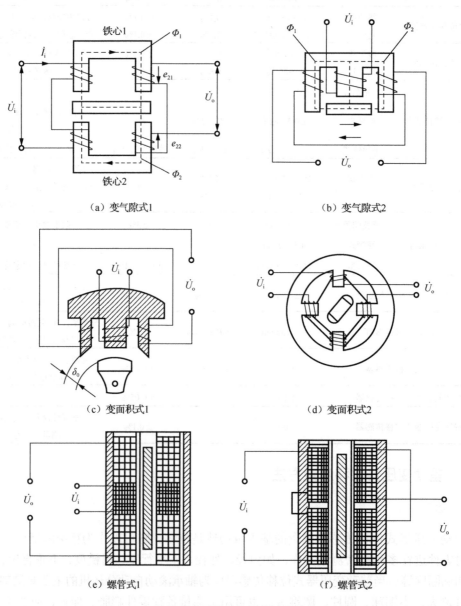

（a）变气隙式1　　　　　　　　　　　　（b）变气隙式2

（c）变面积式1　　　　　　　　　　　　（d）变面积式2

（e）螺管式1　　　　　　　　　　　　（f）螺管式2

图 6-1　各种差动变压器式位移传感器结构示意图

图 6-2 为差动变压器式位移传感器测量液位的原理图。当某一设定液位使铁芯处于中心位置时，差动变压器式位移传感器输出信号 $U_o=0$；当液位上升或下降时，$U_o \neq 0$，通过相应的测量电路便能确定液位的高低。

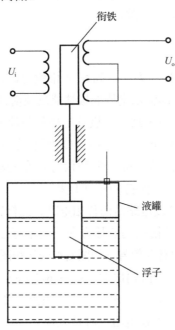

图 6-2　差动变压器测量液位的原理图

由于差动变压器在初级线圈 W 上有正弦交流电压 U_i。因而在次级线圈中产生感应电势 e_1、e_2。当衔铁在中间位置时，两次级线圈互感相同，感应电势 $e_1=e_2$，输出电压为零。当衔铁向上移动时，W_1 互感大，W_2 互感小，感应电势 $e_1>e_2$，输出电压 $U_o=e_1-e_2$ 不为零，且在传感器的量程内，移动得越多，输出电压越大。当衔铁向下移动时，W_2 互感大，W_1 互感小，感应电势 $e_2>e_1$，输出电压仍不为零，与向上移动比较，相位相差 180°，因此，根据 U_o 的大小和相位就可以判断衔铁位移量的大小与方向。图 6-3 是差动变压器输出特性曲线，其中 U_{o1} 为零位输出电压。曲线 1 为理想输出特性曲线，曲线 2 为实际输出特性曲线，

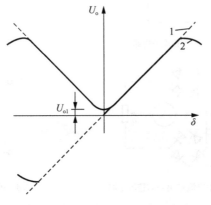

图 6-3　差动变压器输出特性曲线

差动变压器输出电压的幅值是衔铁位移的函数，在衔铁中间位置时，两边在一定范围内是线性函数关系。实际上差动变压器在正弦交流激励源作用下的输出是高频正弦信号，它的幅值是由衔铁位移的低频移动调节的，因此在测量位移时需要检波差动变压器的输出，再用低通滤波器把激励源的高频成分去掉。

2. 位移方向判别

为了获得零点附近衔铁的移动方向，可增加相敏电路。此时，衔铁位移为负时的特性曲线如图 6-3 的虚线处所示，即输出电压的极性能反映衔铁位移的方向，同时也消除了零点残余电压。常见的相位处理测量电路有二极管电桥相整流波电路 [图 6-4（a）] 和相敏检波 [图 6-4（b）]，以及如图 6-4（c）～图 6.4（f）所示的差动整流电路。如图 6-4（a）所示的电路容易做到输出平衡和阻抗匹配。调制信号 e_r 和差动变压器的输出 $e = e_1 - e_2$ 具有相同的频率，经过移相器使 e_r 和 e 保持同相或反相，且 $e_r \gg e$。调节电位器可调节平衡状态。如图 6-4（b）所示的相敏检波电路是由移相电路、三极管 VT、运算放大器 A 和电阻 R_1、R_2、R_3 组成，u_2 的极性反映衔铁的位移方向、但含有激励源高频成分，通过低通滤波器即可得到反映衔铁位移大小的有效信号。如图 6-4（c）和图 6-4（d）所示的差动整流电路用在连接低阻抗负载的场合，为电流输出型。如图 6-4（e）和图 6-4（f）所示的差动整流电路用在连接高阻抗负载的场合，为电压输出型。另外，经差动整流后输出电压的线性度发生变化，当副级线圈阻抗高、负载电阻大时接入电容器进行滤波，其输出线性度的变化倾向是衔铁位移增大时，线性度提高，据此可使差动变压器的线性范围得到扩展。

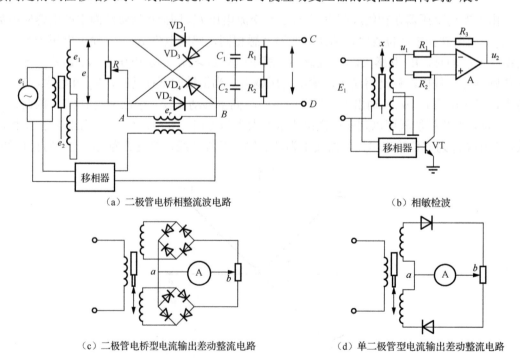

（a）二极管电桥相整流波电路

（b）相敏检波

（c）二极管电桥型电流输出差动整流电路

（d）单二极管型电流输出差动整流电路

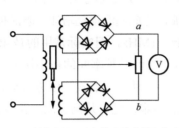

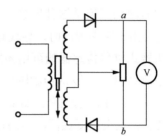

（e）二极管电桥型电压输出差动整流电路　　　　（f）单二极管型电压输出差动整流电路

图 6-4　常见的相位处理测量电路

相位检波电路采用集成电路会更简单，如图 6-5 所示是由 LM1496 集成电路构成的相位检波电路。

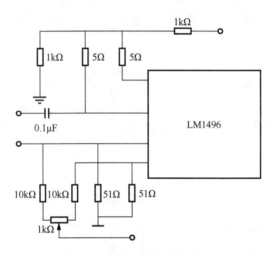

图 6-5　LM1496 集成电路构成的相位检波电路

3. 主要技术指标

差动变压器式位移传感器的性能主要有灵敏度、激励频率和线性度三个方面。差动变压器式位移传感器的灵敏度是用单位位移输出的电压或电流来表示的。当测量电路输入阻抗低时，用电流灵敏度来表示传感器的灵敏度。一般差动变压器式位移传感器的灵敏度可达 0.1～5V/mm 或 100mA/mm，高精确度差动变压器式位移传感器灵敏度可更高。由于它的灵敏度较高，在测量大位移时，可不用放大器，因此测量电路较简单。

线性度是表征传感器精确度的另一个重要指标，它表明传感器的输出电压与位移是否呈直线关系，以及在活动衔铁位移多大范围内保持线性关系，对于已设计好的传感器，它是一个常值。经常使用的螺管型差动变压器线性范围一般为：2～500mm，线性度可达 0.1%～0.5%。

激励频率也叫载波频率，它不仅对灵敏度和线性度有影响，而且也限制了变压器的动态特性，因此，适当地选择激励频率也很重要。灵敏度与激励电压成正比，也随激励频率的增加而增加，但是这种现象仅在一定的频率范围内，超过了这一范围，灵敏度反而会降低。这是由于频率很高时，导线有效电阻会增加，造成涡流损耗增加、磁滞损耗增加等。差动变压器式位移传感器的可用激励频率为 50Hz～1MHz，但实际常用的是 400Hz～10kHz。在动态测试时，一般认为激励频率与使衔铁运动的信号频率间的最小比值为 10∶1，可测信号频率取决于激励频率。如果比值小于 10∶1，差动变压器式位移传感器对信号的分辨率就会变差，也会给低通滤波器的设计带来一定的困难，尤其是高速动态位移的场合。

4. 零点补偿

在实用传感器中，由于结构的不对称、输入电流与磁通不同相及线圈间寄生电容等因素的影响，使输出电压不为零，此值称为零位电压。零位电压的存在使得传感器输出特性在零位附近的范围内不灵敏，在大多数情况下，这种情况并不严重。但是，当变压器的灵敏度要求很高和输出要求放大时，就必须在测量电路中采取补偿措施，如图 6-6 所示是几种形式的零位补偿电路。

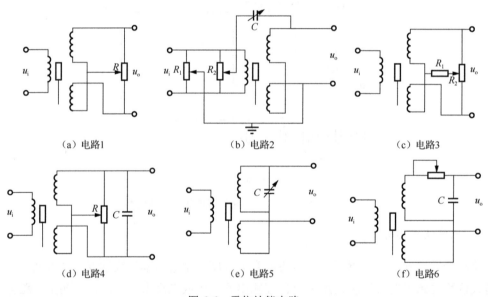

图 6-6　零位补偿电路

5. 微小位移测量

对满量程为几微米到数十微米的微小位移的测量，上述测量电路已不能满足灵敏度和零点漂移等方面的要求，输出信号需经放大后再进行测量。在放大电路中加入深度负反馈，以提高放大器的稳定性和线性关系。

与许多可供选用的位移传感器相比，差动变压器式位移传感器有以下优点：不存在机械过载的问题，因为铁芯完全能与变压器的其他部件分开；对温度变化不敏感，并且能提供比较高的输出，常常用于中间无须放大的场合；可反复使用，价格合理。差动变压器式位移传感器的最大缺点是在动态测试方面，因为铁芯的质量相当大，使得差动变压器式位移传感器的质量也相当大。另外，过高的激励频率对灵敏度、线性度等的影响也是一个不利的因素，所以差动变压器式位移传感器不适于高频动态测试。差动变压器式位移传感器除用于测量位移外，也可用于压力、振动、加速度等方面的测量。

6.2.2 光纤位移测量方法

光纤位移传感器可分为元件型和反射型两种类型。元件型位移传感器是通过压力或应变等形式作用在光纤上，使光在光纤内部传输过程中，引起相位、振幅、偏振态等变化，只要我们能测得光纤的特性变化，即可测得位移。在这里光纤是作为敏感元件使用的。下面介绍反射式光纤位移测试系统。

1. 反射式光纤位移传感器的工作原理

反射式光纤位移传感器的工作原理，如图 6-7 所示。恒定光强的光源 S 发出的光经耦合进入入射光纤，并经 Y 及左侧的光纤发送接收端子射向被测物体，被测物体（连接在器件 4 的背面）反射的光一部分被接收光纤接收，根据光学原理可知反射光的强度与被测物体的距离有关，因此，只要测得反射光的强度，便可知物体位移的变化。

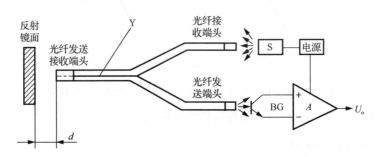

图 6-7 反射式光纤位移传感器工作原理图

Y—Y 形分叉光纤束；S—光源；BG—收光器；
d—反射镜面与光纤发送接收端口之间的距离；U_o—输出电压

从图 6-8 的特性曲线可以看出，当被测物体从距离为零逐渐远离光纤位移探头时，输出信号随位移的增大而增加，直到最大输出，如果被测物体再远离光纤位移探头时，输出信号将逐渐减弱。出现上述现象是光纤探头光照和光反射面积的变化形成的，如图 6-9 所示。当光纤探头紧贴在被测物体上时，接收光纤接收不到反射光，光电转换元件也就没有光电流输出。当被测物体逐渐远离光纤探头时，由于入射光纤照射被测物体表面的面积 A 越来越大，相应的发射光锥和接收光锥重合面积 B 也越来越大，因此接收光纤受反射光直射的面积也逐渐增大，使光电转换电路输出的电流也逐渐增大，直到曲线上的最亮点 I_{max}，到达 I_{max} 之后，当被测物体继续远离时，反射光射入接收光纤的面积逐渐减少，所以光电转换电路的输出信号也逐渐减弱。

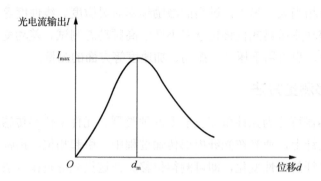

图 6-8　光纤位移传感器的输出特征

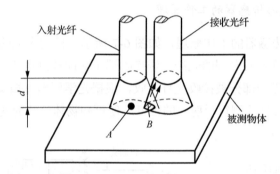

图 6-9　光纤位移传感器光反射原理图

在实际应用中，常把位移的原点移至曲线 d_m 处，这样就把曲线分为左右两边，左边的曲线为近程位移测量曲线，右边为远程位移测量曲线。

2.　光电转换及放大电路

光电转换元件通常使用光敏二极管将光纤中的光信号转换为电信号。光电转换及放大电路，如图 6-10 所示，它由两个运算放大器组成。为保证转换的稳定性，线路中的电阻应选用温度系数小的精密电阻，电容器应选用漏电小的涤纶电容器。

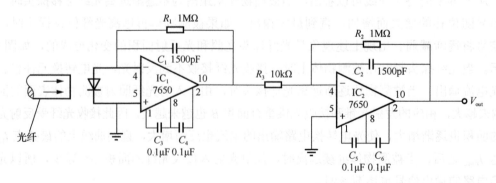

图 6-10　光电转换及放大电路

3. 迈克耳孙（Michelson）光纤位移干涉仪

为了提高测量精确度或扩大测量范围，常使用相位调制的光纤干涉仪作为位移传感器。如图 6-11 所示。被测量引起棱镜位移，从而改变测量光束光程，与参考光束间产生光程差，致使干涉条纹移动，干涉条纹量反映了被测位移的大小。

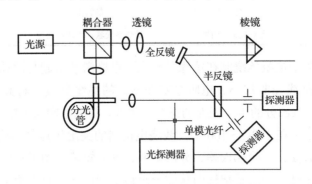

图 6-11　迈克耳孙光纤位移干涉仪

4. 法布里-珀罗（Fabry-Perot）光纤位移干涉仪

如图 6-12 所示。振动膜片与单模光纤端面间的多光束干涉受其间距的影响，可测振动膜片的位移或振幅。分辨率极高，能反映 0.01 波长的微小位移。

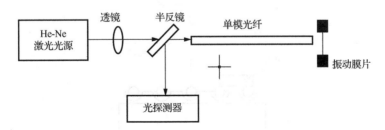

图 6-12　法布里-珀罗光纤位移干涉仪

6.2.3　电位器式位移测量传感器

电位器是一种常用的电子器件，作为位移传感器可以将机械位移转换为相应的电阻值或输出电压。

1. 线绕电位器式位移传感器

线绕电位器的电阻体由电阻丝缠绕在绝缘物上构成。电阻丝的种类很多，电阻丝的材料是根据电位器的结构、容纳电阻丝的空间、电阻值和温度系数来选择的。电阻丝越细，在给定空间内越能获得较大的电阻值和分辨率。但电阻丝太细，使用中易断，影响传感器的寿命。表 6-2 给出了一些常用电阻丝材料的特性，以便根据工作条件在选择线绕电位器式传感器的具体形式时参考。

表6-2　常用电阻丝材料的特性

电阻丝材料	优点	缺点	用途
镍铬系电热合金	固有电阻大、耐热	温度系数大	制造电力用高电阻值电位器
铜镍铬康铜丝合金	温度系数小、耐腐蚀性好、耐氧化性好、可加工性好	固有电阻小	用于制造一般精密电位器
铜锰镍电阻合金	温度系数小	易氧化	用于低温使用电位器
铝锰系合金	温度系数小、耐磨性好	受热易变软、性能不稳定	只限低温使用电位器

　　线绕电位器一般由电阻丝绕制在绝缘骨架上，电刷滑动引起与滑动点电阻对应的输入发生变化。电阻丝是线径非常小、电阻系数非常大的绝缘导线，将其整齐地缠绕在绝缘骨架上，把与电刷接触部分的半个表面的绝缘皮去掉，构成电刷与电阻丝的接触导电通道。线绕电位器的阻值范围在 $100\Omega\sim100k\Omega$。线绕电位器的突出优点是结构简单、使用方便，缺点是存在摩擦和磨损、有阶梯误差、分辨率低、寿命短等。由于电阻丝是一匝一匝地绕制在骨架上的，当接触电刷沿骨架轴向从前一匝移动到后一匝时，阻值或电压的变化不是连续变化而是阶梯变化的，如图 6-13 所示。

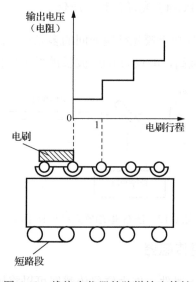

图 6-13　线绕电位器的阶梯输出特性

　　例如电位器的总匝数为 1000 匝，对应的工作行程为 40mm，两固定端上加的电压为 12V，则电压分辨率为 12/1000 = 0.012V，此电位器的位移分辨率为 40/1000 = 0.04mm，即在理论上意味着每 0.012V 电压变化输出就有 0.04mm 的机械位移量变化。要进一步提高位移分辨率只有选用更细的电阻丝、增加单位长度内的匝数。目前，线绕直线电位器的位移分辨可达 0.025～0.05mm，单圈旋转电位器的角位移分辨率与电位器直径 D 的基本关系为（3°～6°）/D，D 以 mm 计。

2. 非线绕电位器式位移传感器

目前，常见的非线绕电位器式位移传感器是在绝缘基片上制成各种薄膜元件，如合成膜、金属膜、导电塑料和导电玻璃釉电位器等。其优点是分辨率高、耐磨、寿命长和易校准等；缺点是易受温度和湿度影响，难以实现高精确度。表 6-3 给出了三种电位器的主要性能指标。由表可见非线绕式电位器各项指标都优于线绕式的，导电塑料电位器比合成膜电位器好，缺点是对温度和湿度变化比较敏感，并且要求接触压力大，只限用于推动力大的位移测量情况。

表 6-3　三种电位器的主要性能指标

名称	型号	总电阻误差	线性度	寿命	使用后的噪声系数
精密线绕电位器	WX74A	±5%	±1%	2 万次，$\Delta R/R<2\%$	2 万次，40%
精密合成膜电位器	WHJ	±10%	±0.5%	20 万次，$\Delta R/R<1.5\%$	20 万次，20%
导电塑料电位器	WDL-65	±15%	0.1%～0.03%	1000 次，$\Delta R/R<1\%$	20 万次，1%

独立线性度指标是针对高精密电位器给出的，它不考虑电位器两个端点附近线性度较差的区段而特指中间工作区间的线性度。经过修刻的电位器独立线性度可达 0.025%～0.1%，如 WDL-25 直线式精密导电塑料电位器，其主要指标如下。

总电阻：$500\Omega\sim10k\Omega$，误差为±15%。

独立线性度：0.2%，0.5%，1%。

行程：25mm±1mm。

输出平滑性：<0.1%。

功率：2W（70℃）。

电阻温度系数：$\pm400\times10^{-6}$℃。

由总电阻和功率可知，电位器端电压可达 20V 以上。若使电位器的端电压为 12V，则单位位移对应的电压输出为 12V/25mm = 0.48V/mm，所以输出信号幅值大、易处理。位移精确度为 25mm×0.2%=0.05mm，精确度也较高。WDL-50（50mm 量程），WDL-100（100mm 量程），不但量程大，而且独立线性度也较高，WDL-100 可达 0.1%。YHD 型电位器式位移传感器是由精密无感电阻和直线电位器构成测量电桥的两个桥臂，并和应变仪连用。这种传感器的量程有 10mm、50mm、100mm 等几种，不同的量程有不同的分辨率，最小可达 0.01mm。

导电玻璃釉电位器又称金属陶瓷电位器，它是以合金、金属氧化物或难溶化合物等为导电材料，以玻璃釉粉为黏合剂，经混合烧结在陶瓷或玻璃基体上制成的。导电玻璃釉电位器的缺点是接触电阻变化大、噪声大、不易保证测量的高精确度。导电玻璃釉电位器耐高温性好、耐磨性好、有较宽的阻值范围、电阻温度系数小且抗湿性强，因此导电玻璃釉电位器式位移传感器的应用较为广泛。

光电式电位器是另一种非线绕式电位器。它是非接触式的，以光束代替了常规的电刷，其结构原理如图 6-14 所示。一般采用氧化铝作基体，在基体上沉积一条带状电阻薄膜（电阻带）和一条高传导导电带，电阻带和导电带之间留有一条很窄的间隙，在间隙上沉积一层光电导体（硫化镉或硒化镉）。当窄光束在电阻带、导电带和光电导体层上照射并移动时，可以看作导电带和电阻带导通，在负载 R_L 上便有输出电压，而无光照射时，导电带和电阻带可以看作开路，从而保证了 R_L 上的电压只取决于光束的位置。光电式电位器的优点是完全没有摩擦、磨损，不会对仪表系统附加任何力或力矩，提高了仪表精确度、寿命、可靠性，而且其分辨率也很高；缺点是输出阻抗较高，需要匹配高输入阻抗放大器。因为需要光源和光路系统，所以体积、质量增大，结构复杂，同时，线性度不容易设置得很高。

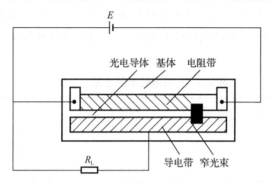

图 6-14　光电式电位器结构图

6.2.4　电涡流式位移传感器

对于机械运动中高速旋转或振动位移的测量，适合采用电涡流式位移传感器进行非接触式测量。电涡流式位移传感器是利用电涡流效应工作的，线圈产生的磁场作用于金属导体内，形成的电涡流区在有限范围内，如图 6-15（a）所示，基本上在内径为 $2r$，外径为 $2R$，高度为 h 的圆套筒区间内。电涡流区大小与激励线圈外径 D 的近似关系为

$$2R=1.39D$$

$$2r=0.525D$$

因此，被测金属导体的表面尺寸不应小于激励线圈外径的两倍，否则就不能利用所产生的电涡流效应，导致灵敏度降低。电涡流 I_2 正比于激励电流 I_1，并随 x/R 的增加而迅速减小，如图 6-15（b）所示。因此在使用电涡流式位移传感器测量位移时，只适合测量小范围的位移，一般取 x/R=0.05～0.15 能获得较好的线性和较高的灵敏度。

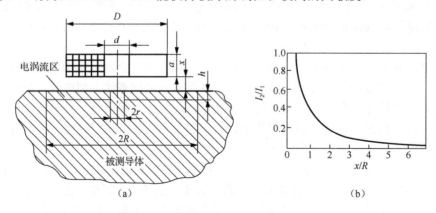

图 6-15　电涡流形成区及电涡流强度曲线

1. 反射型电涡流式位移传感器

一般来说，线圈阻抗、电感和品质因数的变化与导体的几何形状、导阻率、磁导率有关，也与线圈的几何尺寸、激励电流、频率及线圈到被测导体的距离 x 有关。如果控制一些可变参数，只改变其中的一个参数，这样线圈阻抗等的变化就是这个参数的单值函数。电涡流式位移传感器就是保持其他参数恒定不变，使阻抗 Z 仅是距离 x 的函数。因此，这种传感器应看成由一个载流线圈和被测导体两部分组成，是利用它们之间的耦合程度变化来进行测试的，两者缺一不可。购买来的传感器仅为电涡流式位移传感器的一部分，设计和使用还必须考虑被测导体的物理性能、几何形状和尺寸。当被测导体为低电阻率的抗磁材料或顺磁材料时，测量会简单易行，若被测物体是高磁导率的铁磁材料制成，效果会更好。

用于测量位移的电涡流式位移传感器有变间隙型、变面积型和螺管型三种形式。变间隙型电涡流式位移传感器进行位移测量的原理是基于传感器线圈与被测导体平面之间间隙的变化引起电涡流效应的变化，导致线圈电感和阻抗的变化。如图 6-16 所示，变间隙型电涡流式位移传感器由一个固定在框架的扁平圆线圈组成，线圈由多股漆包线和银线绕制而成，一般放在传感器的端部，可绕在框架的槽内，也可用黏结剂黏结在端部。CZFI 系列传感器就是变间隙型电涡流式位移传感器。表 6-4 给出了 CZFI 系列传感器的性能指标，这种系列传感器与 BZF 型变换器和 ZZF6 指示仪配套可组成位移振幅测量仪，能用于测量航空发动机、汽轮机、压缩机、电动机等各种旋转机械的轴向位移、径向振幅及轴的运动轨迹，也可用于其他种类位移和振幅的测量。

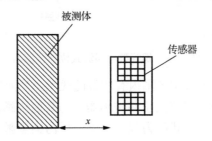

图 6-16 变间隙型电涡流式位移传感器测量原理

表 6-4 CZFI 系列传感器性能指标表

型号	线性范围/mm	线圈外径/mm	分辨率/μm	线性误差/%	工作温度/℃
CZFI-1000	1000	7	1	<3	−15～+80
CZFI-3000	3000	15	3	<3	−15～+80
CZFI-5000	5000	28	5	<3	−15～+80

变面积型电涡流式位移传感器是利用被测导体与传感器线圈之间相对面积的变化，引起电涡流效应的变化进行位移测量的，其原理如图 6-17 所示。

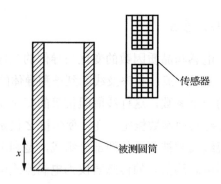

图 6-17   变面积型电涡流式位移传感器测量原理

变面积型电涡流式位移传感器测量线性范围比变间隙型大而且线性度也较高，适合于轴向位移的测量。

螺管型电涡流式传感器一般由短路套筒和螺管线圈组成，如图 6-18 所示。短路套筒能够沿着螺管线圈轴向移动，引起螺管线圈电感的变化，从而测量位移。

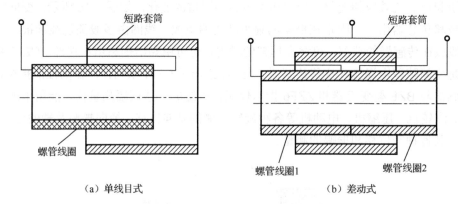

（a）单线目式   （b）差动式

图 6-18   螺管型电涡流式位移传感器

这种类型的传感器在长度较宽范围内有较好的线性，然而其灵敏度较低。

上面介绍了三种形式的电涡流式位移传感器，与其他传感器相比，电涡流式位移传感器具有结构简单、体积小、抗干扰能力强、不受介质污染等影响、可进行非接触测量、灵敏度高等特点，可测位移量程一般为 0~80mm。除测量位移外，电涡流式位移传感器还可用于测量厚度、物体表面粗糙度、无损探伤等，在工业生产中获得了广泛应用。

2. 透射型电涡流式位移传感器

透射式电涡流式位移传感器是由发射线圈 L_1、接收线圈 L_2 和位于两线圈之间的被测金属板组成，如图 6-19 所示。当在 L_1 两端加交流激励电压 U_1 时，L_2 两端将产生感应电动势 U_2。如果两线圈之间无金属板时，L_1 产生的磁场就能直接贯穿 L_2，感应电动势 U_2 也最大；有金属板时，产生的电涡流抵消了部分 L_1 磁场，致使 U_2 减小，金属板厚度越大，U_2 就越小。

感应电压 U_2 与金属板厚度之间的关系见图 6-20，可以利用 U_2 来反映金属板的厚度。

由于 $f_1 < f_2 < f_3$，当发射线圈 L_1 所加的激励源频率 f 较低时，线性较好，因此应选择较低的激励源频率，一般在 1kHz 左右较好，具体情况还要考虑到金属板厚度 δ，当 δ 较小时 f_3 曲线的斜率较大，因此测量薄板时应选择相对高些的激励源频率，测量较大厚度金属板时应选择相对低些的激励源频率。

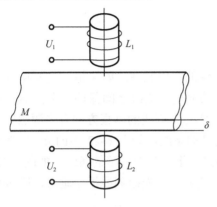 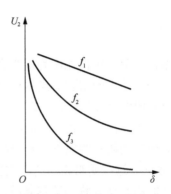

图 6-19　透射式电涡流式位移传感器图　　　图 6-20　感应电压与金属板厚度的关系曲线

6.2.5　光栅式位移测量系统

1. 光栅的结构和分类

光栅传感器是一种能把位移转化为数字量输出的数字式传感器。其主要特点是精度高、动态特性好和测量范围大等，因而广泛用于位移的精确测量和控制过程。光栅系统由光栅、光源、光路、光敏元件和测量电路等部分组成。其中光栅是关键部件，它决定了整个系统的测量精确度。光栅有多种，按其用途和形状可分为测量线位移的直线光栅和测量角位移的圆盆形光栅。按光路系统不同可分为透射式光栅和反射式光栅两类，如图 6-21 所示。按物理原理和刻线形状不同，又可分为黑白光栅（或称幅值光栅）和闪耀光栅（或称相位光栅）。

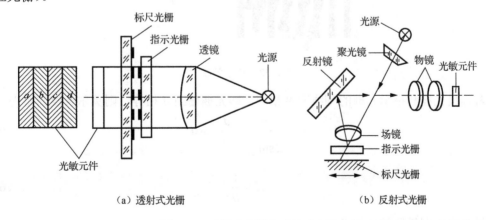

（a）透射式光栅　　　　　　　　（b）反射式光栅

图 6-21　透射式光栅和反射式光栅

在直线光栅上刻有均匀平行分布的刻线，这些刻线与位移运动方向垂直。每条刻线是不透光的，两条刻线之间是透光的。相邻两条刻线间的距离称为栅距。指示光栅比较短，是由高质量的光学玻璃制成，标尺光栅或主光栅的长度决定了量程的大小，它是由透明材料（对于透射式光栅）、高反射率的金属或镀有金属层的玻璃（对于反射式光栅）制成。刻线密度由测量精确度来确定，闪耀光栅为每毫米 100～2800 条，黑白光栅每毫米有 25 条、50 条、100 条、250 条等。

2. 莫尔条纹

本节以透射式黑白光栅为例来介绍光栅测量位移的工作原理。如果指示光栅和标尺光栅叠放在一起，中间留有适当的微小间隙，并使两块光栅的刻线之间保持一个很小的夹角 θ，两块光栅的刻线相交，如图 6-22 所示。当在诸多相交刻线的垂直方向有光源照射时，光线就从两块光栅刻线重合处的缝隙透过，形成明亮的条纹，如图 6-22 中的 $h—h$ 所示。在两块光栅刻线错开的地方，光线被遮住而不能透过，于是就形成暗的条纹，如图 6-22 中的 $g—g$ 所示。这些明暗相间的条纹称为莫尔条纹，其方向与光栅刻线近似垂直，相邻两明亮条纹之间的距离 B 称为莫尔条纹间距。

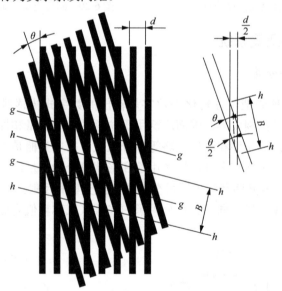

图 6-22   莫尔条纹

若标尺光栅和指示光栅的刻线密度相同，即光栅栅距 d 相等，则莫尔条纹间距为

$$B = \frac{d}{2\sin\dfrac{\theta}{2}} \approx \frac{d}{\theta} = Kd \tag{6-1}$$

$$K = \frac{1}{\theta} \tag{6-2}$$

莫尔条纹的重要特性如下。

（1）当指示光栅不动时，标尺光栅的刻线与指示光栅刻线之间始终保持夹角 θ，而当标尺光栅左右移动时，莫尔条纹将沿着近于栅线的方向上下移动。当标尺光栅相对指示光

栅移动一个栅距 d 时，莫尔条纹也相应地移动一个莫尔条纹间距 B。因此，可以通过莫尔条纹的移动来测量光栅移动的大小和方向。

（2）莫尔条纹有位移放大作用。当标尺光栅沿着与刻线垂直方向移动一个栅距 d 时，莫尔条纹移动一个条纹间距 B。当两个等距光栅的栅间夹角 θ 较小时，标尺光栅移动一个栅距 d，莫尔条纹移动 d 乘以 K 倍的距离，K 为莫尔条纹的放大系数，由式（6-2）确定，当 θ 较小时，例如 θ =0.01rad，则 K=100，表明莫尔条纹的放大倍数是相当大的，因而可以实现高灵敏度的位移测量。

（3）莫尔条纹除有位移的放大作用外，还存有平均效应。由于莫尔条纹是由光栅的许多刻线共同形成的，光敏元件接收的光信号是进入指示光栅视场内光栅线条总数的综合平均效果。这对光栅刻线的局部或周期误差起到了削弱作用，可以达到比光栅本身的刻线精确度高的测量精确度。

两块光栅在相对移动的过程中，固定不动的光敏元件上的光强随莫尔条纹的移动而变化，变化规律近似为余弦函数。标尺光栅移动一个栅距 d，光强变化一个周期，这一光强变化由光敏元件转换成按同一规律变化的电信号为

$$U_0 = U_{av} + U_m \sin\left(\frac{\pi}{2} + \frac{2\pi}{d}x\right) \tag{6-3}$$

式中，U_{av}——信号的直流分量；

$\quad\quad U_m$——信号变化的幅值；

$\quad\ x$——标尺光栅的位移，mm。

为了测量位移 x 可以把 U_0 整形为方波脉冲，每经过一个周期，正弦波形变换为一个方波脉冲，则脉冲总数 N 就与标尺光栅单方向连续移动过的栅距个数相等，从而检测得到位移。

在实际测量过程中，被测物体的位移不是单方向的，既有正向运动，也有反向运动，此时要正确地获得位移则需要辨别物体（和标尺光栅连接在一起）移动方向。当物体正向移动时，将得到的脉冲个数相累加；而当物体反向移动时就要从已累加的脉冲总数中减去反向移动的脉冲个数，得到测量时刻位移对应的脉冲总数 N，可按式（6-4）计算得到准确的位移量：

$$x=Nd \tag{6-4}$$

3. 辨向电路

为了辨别方向，只需在相距 $B/4$ 的位置上安装两个光敏元件 1 和 2，如图 6-23 所示。就可以获得相位差为 90° 的两个正弦信号，再把这两个信号送入辨向电路去处理。

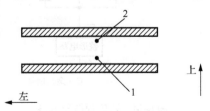

图 6-23　相距 $B/4$ 的两个光敏元件

当标尺光栅正方向向左移动且莫尔条纹向上运动时，光敏元件 1 和 2 分别输出电压信号 U_1 和 U_2，经放大整形后得到相位相差为 90° 的两个方波信号 U_{1a} 和 U_{2a}，U_{1a} 经反相后得到 U_{1b} 方波。U_{1a} 和 U_{1b} 通过微分电路后得到两组尖脉冲信号 U_{aw} 和 U_{bw}，分别输入到与门 Y_1 和 Y_2 的输入端。对与门 Y_1 而言，由于 U_{aw} 处于高电平时，U_{2a} 总是处于低电平，故脉冲被阻塞，Y_1 输出为零；对与门 Y_2 而言，U_{bw} 处于高电平时，U_{aw} 也正处于高电平，故允许脉冲通过，并触发加减控制触发器使其置 "1"，可逆计数器对与门又输出的脉冲进行加法计数。同理，当标尺光栅反向向右移动时，与门 Y_2 阻塞，Y_1 输出脉冲信号使触发器置 "0"，可逆计数器对与门 Y_1 输出的脉冲进行减法计数。标尺光栅每移动一个栅距，辨向电路只输出一个脉冲，计数器所计的脉冲数即代表光栅位移 x。

光栅尺的刻线密度是很高的，上述测量电路的分辨率为一个光栅栅距 d，但是在高精密测量中需要测量比栅距 d 更小的位移量，为了提高分辨率，可以增加刻线密度来减小栅距，但这种办法受到制造工艺的限制。另一种方法是采用细分技术，使光栅每移动一个栅距时输出均匀分布的 n 个脉冲，从而使分辨率提高到 d/n。有多种细分方法，下面介绍直接细分方法。

直接细分也称为位置细分，常用细分数为四，故又称为四倍频细分。实现方法有两种：第一种方法是在相距 $B/4$ 位置依次安放四个光敏元件，从而获得相位依次相差 90° 的四个正弦信号，再通过由负到正过零检测电路，分别输出四个脉冲。第二种方法是在相距 $B/2$ 的位置依次安放两个光敏元件，首先获得相位相差为 90° 的两个正弦信号 U_1 和 U_2，然后分别通过各自的反相电路后又获得与 U_1 和 U_2 相位相反的两个正弦信号 U_1' 和 U_2'，最后通过逻辑组合电路在一个栅距内可获得均匀分布的四个脉冲信号，送到可逆计数器。图 6-24 为四倍频细分电路。

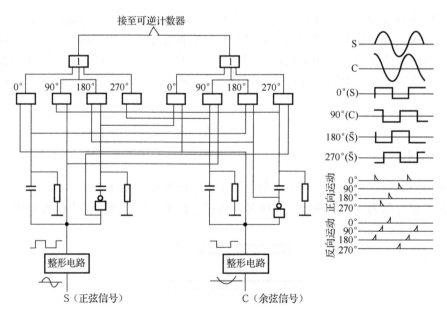

图 6-24　四倍频细分电路

6.2.6 磁栅式位移测量系统

1. 磁栅

磁栅也是一种测量位移的数字传感器，它是在非磁性物体的平整表面上镀一层磁性薄膜，并用录制磁头沿长度方向按一定的节距 λ 录上磁性刻度线而构成的。因此又把磁栅称为磁尺。磁栅录制后的磁化结构相当于多个小磁铁按 N—S、S—N、N—S、S—N 的状态排列起来，如图 6-25 所示。因此磁栅 L 的磁场强度内呈周期性变化，在 N—N 或 S—S 处为最大。

磁栅可分为单面型直线磁栅、同轴型直线磁栅和旋转型磁栅等。磁栅主要用于大型机床和精密机床的位置或位移的检测元件。磁栅和其他类型的位移传感器相比，具有结构简单、使用方便、测量范围大（1～20m）和磁信号可以重新录制等优点。其缺点是需要屏蔽和防尘。

2. 磁栅式位移传感器的结构及工作原理

磁栅式位移传感器的结构及工作原理如图 6-25 所示。它由磁栅（磁尺）、磁头和检测电路等组成。磁栅是检测位移的基准尺，磁头用来读取信号。按显示读数的输出信号方式的不同，磁头可分为动态磁头和静态磁头。磁极 L 只有一个输出绕组，只有当磁头和磁栅相对运动时才有信号输出，因此又称动态磁头为速度响应式磁头。静态磁头上有两个绕组，一个是激励绕组，另一个是输出绕组，这时即使磁头与磁栅之间处于相对静止，也会因为有交变激励信号使磁头仍有信号输出。检测电路主要用来供给磁头激励电压和将磁头检测到的信号转换为脉冲信号输出。磁栅式位移传感器允许最高工作速度为 12m/min，系统的精确度可达 0.01mm/m，最小指示值为 0.001mm，使用范围为 0～40℃。

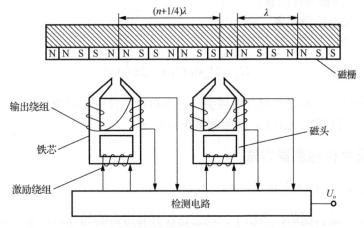

图 6-25 磁栅式位移传感器的结构及工作原理

3. 检测电路

当磁栅与磁头之间的相对位置发生变化时，磁头的铁芯使磁栅的磁通有效地通过输出绕组，由于电磁感应在输出绕组中将产生电压，该电压将随磁栅磁场强度周期的变化而变化，从而可将位移量转换成电信号输出。图 6-26 为磁信号与磁头输出信号的波形图。磁头输出信号经检测电路转换成电脉冲信号并以数字形式显示出来。

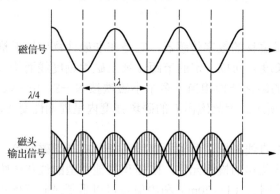

图 6-26   磁信号与磁头输出信号的波形图

适合位移测量的静态磁头是成对使用的，两组磁头相距 $(n+1/4)\lambda$，其中 n 为正整数，λ 为磁信号节距。检测电路常用有鉴相式。

当用相位相差 $\pi/4$ 的两个激励电压分别输入到两个激励绕组时，两个输出绕组的输出信号为

$$e_1 = U_m \sin(2\pi\frac{x}{\lambda})\cos(2\omega t) \tag{6-5}$$

$$e_2 = U_m \cos(2\pi\frac{x}{\lambda})\cos(\omega t - \frac{\pi}{4}) \tag{6-6}$$

式中，U_m——磁头读出信号幅值；

　　　x——磁头磁栅相对位移；

　　　ω——激励电压角频率。

将这两个信号送入减法器，得到

$$U_0 = U_m \sin(2\omega t - 2\pi\frac{x}{\lambda}) \tag{6-7}$$

这是一个幅值保持不变、相位随磁头与磁栅相对位置变化而变化的信号，用鉴相器可以测出此调相信号的相位 $2\pi x/\lambda$，从而测量出位移 x。

6.2.7 霍尔元件位移测量方法

1. 霍尔式微量位移传感器

霍尔元件具有结构简单、体积小、动态特性好和寿命高的优点，它不仅用于磁感应强度、有功功率及电能参数的测量，而且在位移测量中也得到了应用。

由霍尔效应可知，当激励电流恒定时，霍尔电压 V_H 与磁感应强度 B 成正比，若磁感应强度 B 是位置 x 的函数，则霍尔电压的大小就可用来反映霍尔元件的位置。当霍尔元件在磁场中移动时，其输出霍尔电压 V_H 的变化就反映了霍尔元件的位移量 Δx。利用上述原理便可对微量位移进行测量。

图 6-27 给出了一些霍尔式位移传感器的工作原理图。图 6-27（a）是磁场强度相同的两块永磁铁，同极性相对放置，霍尔元件处在两块磁铁的中间。由于磁铁中间的磁感应强度 $B=0$，因此霍尔元件输出的霍尔电压 V_H 也等于零，这时位移 $\Delta x=0$。若霍尔元件在两磁铁中产生相对位移，霍尔元件感受到的磁感应强度也随之改变，这时 V_H 不为零，其测量值大小反映出霍尔元件与磁铁之间相对位置的变化量。这种结构的传感器，其移动范围可达 5mm，当位移小于 2mm 时，输出霍尔电压与位移之间有良好的线性关系。传感器的分辨率为 0.001mm。如图 6-27（b）所示是一种结构最简单，由一块永磁铁组成磁路的霍尔式位移传感器。在 $\Delta x=0$ 时，霍尔电压不等于零，因此它的线性范围很窄。图 6-27（c）是由两个结构相同的磁路组成的霍尔式位移传感器。为了获得较好的线性分布，在磁极端面装有极靴，霍尔元件调整好初始位置时，可以使霍尔电压 $V_H=0$ 这种传感器灵敏度很高，但它所能检测的位移量较小，适合微小位移量及机械振动的测量。

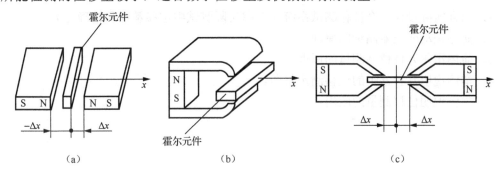

图 6-27　霍尔式位移传感器的工作原理图

2. 霍尔式大位移传感器

采用霍尔元件测量大位移的方案如图 6-28 所示。在非磁性材料安装板上，间隔均匀地安装小磁钢，磁极方向如图所示。霍尔元件用非磁性材料过渡安装块、连杆与被测物体相接。被测物体沿箭头所示方向运动时，霍尔元件依次经过多个小磁钢，每经过一个小磁钢，霍尔元件就输出一个电压脉冲信号。因此，检测出脉冲数就可以计算出被测物体的位移。此方案的分辨率等于小磁钢间距，测量精确度与磁钢的间距有关。

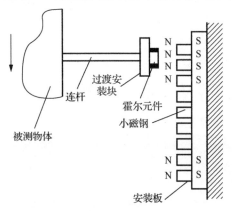

图 6-28　霍尔式大位移传感器原理图

小　结

在工程技术领域里，常常需要对各种机械量进行测量，其中位移的测量最为常用，本章主要介绍了差动变压器位移测量方法、光纤位移测量方法、电位器式位移测量传感器、涡流式位移传感器、光栅式位移测量系统、磁栅式位移测量系统、霍尔元件位移测量方法。在前 5 章的基础上，介绍这些知识在工程实践中的应用。

复习思考题

1．结合实际设计一个位移测试系统（考虑实际测试中位移量程和精确度）。
2．简述差动变压器测量的原理。
3．简述霍尔元件位移测量的原理。
4．举例说明几种常见的位移测量仪器。
5．举例说明位移测量的应用。

第7章 现代测试技术

本章将简要地介绍现代测试技术的新方法、新特点及发展前景，并重点突出虚拟仪器技术、计算机辅助测试方法等，最后以实际应用案例为例，详细地介绍 LabVIEW 测试软件的工作过程。

通过对本章内容的学习，初步了解现代测试技术的概念，以及虚拟仪器技术在现代测试系统中的应用，通过 LabVIEW 测试软件实现对实际工程参数的动态测试及分析。

7.1 概　　述

现代测试技术的进步是以计算机技术的进步为基础，不断飞速发展，从各个层面上影响并引导着各行各业的技术更新，使仪器仪表技术的发展在许多方面突破了传统的概念。20 世纪 70 年代，将微处理器引入仪器的设计中，出现了智能仪器；20 世纪 80 年代后期，随着计算机技术、通信技术的飞速发展，以及虚拟现实的引入，产生了虚拟仪器技术。虚拟仪器技术是仪器技术、通信技术、总线技术、数字化技术、计算机技术等有机结合的产物。虚拟仪器从本质上说是一个开放式结构，用通用计算机、数字信号处理器或其他中央处理器（central processing unit，CPU）提供系统管理、信号处理、存储及显示功能。用数据采集板通用接口总线（general purpose interface bus，GPIB）或面向仪器系统 VME（VersamOdule Eurocard）扩展总线接口板提供信号获取和控制信号输出，从而实现传统仪器功能。

现代测试技术是指具有自动化、智能化及可编程化特点的测试系统，因而，它涵盖智能仪器、自动测试系统及虚拟仪器三个方面的概念。智能仪器主要指含有微处理芯片（如单片机），可以处理实时测试信息的微处理仪器。这类仪器功能丰富，因而在现代测试系统中应用广泛。自动测试系统一般是指以微机为核心，在软件控制下，自动完成数据的测量、处理及分析的过程。随着计算机技术的飞速发展，自动测试系统在现代测试系统中也取得了长足发展。虚拟仪器技术是计算机技术同测试技术的深层结合，是对传统测试仪器的全新挑战，也是对传统测试技术的一次革命。相对于自动测试系统，虚拟仪器注重于信息获取、信息传输、信息处理和控制的过程，包括传感器、测控仪器电路、误差处理、光电检测、精密测量等，覆盖整个信息流。而自动化技术则更侧重于信息的处理尤其是利用信号进行相应的执行器控制，可能不用考虑信号来自于哪里，只需要考虑获得信号后如何进行处理和控制，力求达到最高的控制能力和控制精确度。

虚拟仪器具有传统测试系统无法比拟的优越性，它的出现是仪器发展史上的一场革命，代表着仪器发展的新方向和潮流。表 7-1 概括了虚拟仪器与传统仪器的性能差别。

表 7-1　虚拟仪器与传统仪器的比较

传统仪器	虚拟仪器
开发和维护费用高	开发和维护费用低
技术更新周期长（5～10 年）	技术更新周期短（0.5～1 年）
硬件是关键	软件是关键
价格高	价格低
可用网络联络周边各仪器，只可连有限设备	开放、灵活，与计算机同步，可重复使用及配置
功能单一、操作不便	自动化、智能化、功能多、距离传输远

虚拟仪器技术的出现，使得用户可以自己定义仪器，灵活地设计仪器系统，以满足多样化的实际需求。用户也可以用虚拟仪器来组建适合自己的任何测控系统，再也不必将自己封闭在功能固定、性能单一且价格昂贵的传统仪器中。虚拟仪器系统作为一种基于计算机技术的新型仪器仪表系统，具有功能强、精确度高、测量速度快、自动化程度高和人机界面良好等诸多优点，特别是其高度的灵活性，以及具有标准化总线和网络化、软件化的仪器开发平台，为设计具有易学好用、通用性强、可维护性高的过程控制系统和工业自动化系统提供了优秀的解决方案。但是虚拟仪器技术并不能完全替代传统的仪器，其主要特色是通用的硬件和快速编写的软件来完成各种测试、测量和自动化的应用，主要优点是开发快。但是如果从民用的角度出发，虚拟仪器并不具有优势，尤其是对于大批量的仪器设计通常不会使用纯粹的虚拟仪器技术，这是因为硬件上的成本与性能直接相关，例如用声卡作为虚拟仪器的硬件接口，那么在速率、带宽上性能很差，不能处理高速信号，能处理高速信号的虚拟仪器模块并不便宜。目前比较流行的虚拟仪器的设计思路是用软件和触摸屏代替传统硬件按钮：软件负责信号处理，而硬件只负责输入输出。但是一些功能简单、价格便宜、批量较大的仪器还是用传统方法制作的，比如万用表、测距仪、温度计等，这样可以节省成本和功耗。

7.2　计算机辅助测试系统

计算机辅助测试系统是计算机技术和测试技术相结合的产物，从而实现自动测试。目前，应用广泛的计算机辅助测试（computer aided testing，CAT）工作站就是集各种电参数的测试，仪器系统的软硬件开发、仿真和调试，系统的状态显示和故障诊断，以及文本编辑于一体的集成测试环境。

此外，计算机辅助测试系统在切削机理、计算功耗、优化切削用量和刀具几何参数及模仿切削力变化的过程中有着广泛应用。其可反映刀具磨损或破损、切削用量的合理性、机床故障、颤振等切削状态，以便及时控制切削过程，提高切削效率，降低零件废品率。

计算机测试是指将温度、压力、流量、位移等模拟量采集、转换成数字量后，再由计算机进行存储、处理、显示或打印的过程。相应的系统称为计算机测试系统。

由于计算机对信号采集和处理具有速度快、信息量大和存储方便等传统测试方法不可比拟的优点，因此随着计算机技术的飞速发展，以计算机为中心的自动测试系统得到迅速发展与应用。计算机技术和测试技术的深层次结合，使测试技术与仪器突破了原有的概念和结构，形成了虚拟仪器、远程测试、网络化测试的架构，这些都是现代测试技术发展的重要方面。

虚拟仪器技术是当今计算机测试领域一项重要的新技术，虚拟仪器是在通用计算机平台上，用户根据自己的需求定义和设计仪器的测试功能，通过图形界面（通常称为虚拟前面板）进行操作的新一代仪器。其实质是将仪器硬件和计算机充分结合起来，以实现并扩展传统仪器的功能。它是一种基于图形开发、调试和运行程序的集成化环境。

虚拟仪器是以计算机为统一的硬件平台，在其中配以具有测试和控制功能并可实现数据交换的模块化硬件接口卡，辅以具有测试仪器功能且形象逼真的软件模块，通过系统管理软件的统一指挥调度来实现传统测控仪器的功能。这种以软件为核心的系统不必像传统仪器那样受到生产厂商设计功能的限制，可以充分利用计算机超强的运算、显示及连接扩展能力来灵活地定义强大的仪器功能。与传统仪器相比，虚拟仪器在智能化程度、处理能力、性价比、可操作性等方面都具有明显的优势。

7.3　虚　拟　仪　器

虚拟仪器是在计算机基础上通过增加相关硬件和软件构建而成的、具有可视化界面的仪器。虚拟仪器技术就是利用高性能的模块化硬件，结合高效灵活的软件来完成各种测试、测量和自动化的应用。自 1986 年问世以来，世界各国的工程师和科学家都已将 LabVIEW 图形化开发工具用于产品设计周期的各个环节，从而提高了产品质量、缩短了产品投放市场的时间，提高了产品开发和生产效率。

虚拟仪器是对传统仪器概念的重大突破。它利用计算机系统的强大功能、结合相应的仪器硬件，采用模块式结构，大大突破了传统仪器在数据处理、显示、传送、存储等方面的限制，使用户可以方便地对其进行维护、扩展和升级。虚拟仪器系统经过多年的发展，已经显示出极大的灵活性和强大的生命力，成为测控系统发展的方向。

虚拟仪器是虚拟技术在仪器仪表领域中的一个重要应用，它是日益发展的计算机硬件、软件和总线技术在向其他技术领域密集渗透的过程中，与测试技术、仪器技术密切结合，共同孕育出的一项新成果。1986 年美国的国家仪器（National Instruments，NI）公司首先提出了虚拟仪器的概念，认为虚拟仪器是由计算机硬件资源、模块化仪器硬件和用于数据分析、过程通信及图形用户界面的软件组成的测控系统，是一种由计算机操纵的模块化仪器系统。如果需要作进一步说明，则虚拟仪器是由计算机、仪器和硬件组成的硬件平台，充分利用计算机的运算、存储、回放、调用、显示及文件管理等智能化功能，同时把传统仪器的专业化功能和面板控件软件化，使其与计算机融为一体，这样便构成了一台从外观到功能都完全与传统硬件仪器相同，同时又充分享用计算机智能资源的全新仪器系统。由于仪器的专业化功能和面板控件都是由软件形成的，因此国际上把这类新型的仪器称为"虚拟仪器"或称"软件即仪器"。

各种功能强大、越来越复杂的虚拟仪器不断涌现，促使虚拟仪器得到了高速发展。作为共性，虚拟仪器的特点主要表现如下：

（1）硬件接口标准化。

（2）硬件软件化。

（3）软件模块化。

（4）模块控件化。

（5）系统集成化。

（6）程序设计图形化。

（7）计算可视化。

（8）硬件接口软件驱动化。

以个人计算机（personal computer，PC）为仪器统一的硬件平台，将测试仪器的功能和形象逼真的仪器面板控件融合为一体，形成相应的软件并以文件形式存放于计算机内的软件库中，同时在计算机的总线槽内插入对应的、可实现数据交换的模块化硬件接口卡，使库内仪器测试功能、仪器控件的软件和由接口卡输入机内的数据，在计算机系统管理器的统一指挥和协调下运行，便构成了一类全新概念的仪器——虚拟仪器。

7.3.1 虚拟仪器的硬件系统

虚拟仪器的硬件系统一般分为计算机硬件平台和测控功能硬件。计算机硬件平台可以是各种类型的计算机，如 PC、便携式计算机、工作站、嵌入式计算机等。计算机管理着虚拟仪器的软硬件资源，是虚拟仪器的硬件支撑。计算机技术在显示、存储能力、处理性能、网络、总线标准等方面的发展，推动着虚拟仪器系统的发展。

按照测控功能硬件的不同，虚拟仪器可分为 GPIB、VXI、面向仪器系统的外部设备互连扩展（peripheral component interconnection extensions for instrumentation，PXI）和数据采集（data acquisition，DAQ）四种标准体系结构。

1. GPIB

GPIB 是计算机和仪器间的标准通信总线。GPIB 的硬件规格和软件协议已纳入国际工业标准《IEEE 可编程仪器数字接口标准》（IEEE 488.1）和《通用接口总线器件消息标准》（IEEE 488.2）。GPIB 是最早的仪器总线，目前多数仪器都配置了遵循 IEEE 488.1 和 IEEE 488.2 的 GPIB 接口。典型的 GPIB 测试系统包括一台计算机、一块 GPIB 接口卡和若干台 GPIB 仪器。每台 GPIB 仪器有单独的地址，由计算机控制操作。系统中的仪器可以增加、减少或更换，只需对计算机的控制软件作相应改动。这种概念已被应用于仪器的内部设计。在价格上，GPIB 仪器覆盖了从便宜到昂贵不同价位的仪器。但是 GPIB 的数据传输速度较低，一般低于 500KB/s，不适合应用于对速度要求较高的系统，因此在应用上受到了一定程度的限制。

2. VXI 总线

VME 总线在仪器领域的扩展源于 1987 年，在 VME 总线、Eurocard 标准（电子设备封装标准）和 IEEE 488 等的基础上，由主要仪器制造商共同制定的开放性仪器总线标准。VXI 总线系统最多可包含 256 个装置，主要由主机箱、零槽控制器、具有多种功能的模块仪器、驱动软件和系统应用软件等组成。系统中各功能模块可随意更换，即插即用组成新系统。VXI 系统或者其子系统由一个 VXI 总线主机箱、若干 VXI 总线器件、一个 VXI 总线资源管理器和主控制器组成。零槽模块完成系统背板管理，包括提供时钟源和背板总线仲裁等，当然它也可以同时具有其他的仪器功能。资源管理器在系统上电或者复位时对系统进行配置，以使系统用户能够从一个确定的状态开始系统操作。

目前，国际上有两个 VXI 总线组织：

（1）VXI 联盟，负责制定 VXI 总线的硬件（仪器级）标准规范，包括机箱背板总线、电源分布、冷却系统、零槽模块、仪器模块的电气特性、机械特性、电磁兼容性以及系统资源管理和通信规程等内容。

（2）VXI 即插即用（VXI Plug & Play，VPP）系统联盟，宗旨是通过制定一系列 VXI 的软件（系统级）标准来提供一个开放性的系统结构，真正实现 VXI 总线产品的"即插即用"。

这两套标准组成了 VXI 总线标准体系，实现了 VXI 总线的模块化、系列化、通用化及 PXI 总线仪器的互换性和互操作性。但是 VXI 总线价格相对过高，适用于尖端的测试领域。

3. PXI 总线

外部设备互连（peripheral component interconnection，PCI）在仪器领域的扩展，是 NI 公司于 1997 年发布的一种新的开放性、模块化仪器总线规范。其核心是紧凑 PCI（Compact PCI）结构和 Windows 软件。PXI 总线结合了 PCI 总线的电气总线特性与紧凑 PCI 总线的坚固性、模块化及电子设备封装标准的特性发展成适合于试验、测量与数据采集场合应用的机械、电气和软件规范。PXI 总线是在 PCI 总线内核技术上增加了成熟的技术规范和要求形成的。PXI 总线增加了用于多板同步的触发总线和参考时钟、用于精确定时的星形触发总线以及用于相邻模块间高速通信的局部总线等，来满足试验和测量的要求。PXI 总线兼容紧凑 PCI 机械规范，并增加了主动冷却、环境测试（温度、湿度、振动和冲击试验）等要求。可保证多厂商产品的互操作性和系统的易集成性。

4. DAQ

数据采集，指的是基于工业标准结构（industry standard architecture，ISA）总线、PCI、通用串行总线（universal serial bus，USB）等的内置功能插卡。DAQ 更加充分地利用计算机的资源，大大增加了测试系统的灵活性和扩展性。利用 DAQ 可方便快速地组建基于计算机的仪器，实现"一机多型"和"一机多用"。在性能上，随着 A/D 转换技术、仪器放大技术、抗混叠滤波技术与信号调制技术的迅速发展，DAQ 的采样速率已达到 1GB/s，精确度高达 24 位，通道数高达 64 个，并能任意结合数字 I/O（输入/输出）、模拟 I/O、计数器/定时器等通道。仪器厂家生产了大量的 DAQ 功能模块可供用户选择，如示波器、数字万用表、串行数据分析仪、动态信号分析仪、任意波形发生器等。在 PC 上挂接若干 DAQ 功能模块，配合相应的软件，就可以构成一台具有若干功能的 PC 仪器。这种基于计算机的仪器，既具有高档仪器的测量品质，又能满足测量需求的多样性。对大多数用户来说，这种方案很实用，具有很高的性价比，是一种特别合适的虚拟仪器方案。

7.3.2　虚拟仪器的软件系统

虚拟仪器技术最核心的思想，就是利用计算机的软硬件资源，使本来需要硬件实现的技术软件化（虚拟化），以便最大限度地降低系统成本，增强系统的功能与灵活性。基于软件在虚拟仪器系统中的重要作用，NI 公司提出了"软件就是仪器（The software is the instrumentation）"的口号。VPP 系统联盟提出了系统框架、驱动程序、虚拟仪器软件结构（virtual instrumentation software architecture，VISA）、面板、部件知识库等一系列 VPP 软件标准，推动了软件标准化的进程。虚拟仪器的软件框架从底层到顶层，包括三部分：VISA 库、仪器驱动程序、应用软件。

（1）VISA 实质就是标准的 I/O 函数库及其相关规范的总称。一般称这个 I/O 函数库为 VISA 库。它驻留于计算机系统之中执行仪器总线的特殊功能，是计算机与仪器之间的软件层连接，以实现对仪器的程控。它对于仪器驱动程序开发者来说是一个可调用的操作函数集。

（2）每个仪器模块都有自己的仪器驱动程序，仪器厂商以源码的形式提供给用户。

（3）应用软件建立在仪器驱动程序之上，直接面对操作用户，通过提供直观友好的测控操作界面、丰富的数据分析与处理功能，来完成自动测试任务。

7.3.3　虚拟仪器的开发

应用软件开发环境是设计虚拟仪器所必需的软件工具。目前，较流行的虚拟仪器软件开发环境大致有两类：一类是图形化编程语言，代表性的有 HP VEE、LabVIEW 等；另一类是文本式编程语言，如 C、Visual C++、LabWindows/CVI 等。图形化的编程语言具有编程简单、直观、开发效率高的特点。文本式编程语言具有编程灵活、运行速度快等特点。

（1）LabVIEW 是 NI 公司研制的图形编程虚拟仪器系统，主要包括数据采集、控制、数据分析、数据表示等功能。它提供了一种新颖的编程方法，即以图形方式组装软件模块，生成专用仪器。LabVIEW 由面板、流程方框图、图标/连接器组成，其中面板是用户界面，流程方框图是虚拟仪器源代码，图标/连接器是调用接口。流程方框图包括 I/O 部件、计算部件和子部件，它们用图标和数据流的连线连接；I/O 部件直接与数据采集板、通用输入输出端口（general purpose input/output port，GPIO）板或其他外部物理仪器通信；计算部件完成数学或其他运算与操作；子部件调用其他虚拟仪器。

（2）LabWindows 的功能与 LabVIEW 相似，且由同一家公司研制，不同之处是 LabWindows 可用 C 语言对虚拟仪器进行编程。LabWindows 有着交互的程序开发环境和可用于创建数据采集和仪器控制应用程序的函数库。LabWindows/CVI 还包含了数据采集、分析、实现的一系列软件工具。通过交互式的开发环境可以编辑、编译、连接、调试 ANSI_C 程序。在这种环境中，通过 LabWindows/CVI 函数库中的函数来写程序。另外，每个库中的函数有一个称为函数面板的交互式界面，可用来交互的运行函数，也可直接生成调用函数的代码。函数面板的在线帮助有函数本身及其各控件的帮助信息。LabWindows/CVI 的优势在于它强大的库函数，这些库函数包含了绝大多数数据采集各阶段函数和仪器控制系统函数。

（3）Visual C++是微软公司开发的可视化软件开发平台，由于和操作系统同出一家，因此有着天然的优势。使用 Visual C++作为虚拟仪器的开发平台，一般有四个步骤。第一，开发 A/D 插卡的驱动程序，完成数据采集功能。第二，开发虚拟仪器的面板，以供用户交互式操作。第三，开发虚拟仪器的功能模块，完成虚拟仪器的各项功能。第四，有机地集成前三步功能，构建出一个界面逼真、功能强大的虚拟仪器。

虚拟仪器是基于计算机的仪器。计算机和仪器的密切结合是目前仪器发展的一个重要方向，一般这种结合有两种方式。一种方式是将计算机装入仪器，其典型的例子就是所谓智能化的仪器。随着计算机功能的日益强大及其体积的日趋缩小，这类仪器功能也越来越强大，目前已经出现含嵌入式系统的仪器。另一种方式是将仪器装入计算机，以通用的计算机硬件及操作系统为依托，实现各种仪器功能，虚拟仪器主要是指这种方式。图 7-1 为常见的虚拟仪器方案。

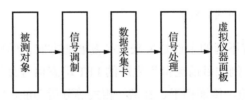

图 7-1　虚拟仪器方案框图

从图中可以看出，虚拟仪器的内部功能可分为信号测量、信号调制、信号处理及测量结果显示等部分。虚拟仪器信号采集主要由计算机和仪器硬件平台组成，实现对信号的采集、测量及转换过程。硬件平台主要包括两部分，一个是计算机硬件，可以是 PC、工作站或笔记本，第二个是仪器硬件，可以是插入式数据采集板，或是带有标准总线的接口仪器，如 RS232，VXI 仪器等。虚拟仪器充分利用计算机存储和运算功能，通过软件对输入信号进行分析处理，包括数字信号处理、数字信号滤波、数据计算及分析等，因此虚拟仪器比传统仪器具有更强大的数据处理功能。此外，虚拟仪器能够充分利用计算机的内存及显示优势，对多种方式显示处理的结果及数据输出，可以实现通过总线传送实时数据，进而推动物联网的发展，也可在不同的计算机屏幕上显示丰富的结果。

虚拟仪器的主要特点如下。

第一，尽可能采用通用的硬件，各种仪器的差异主要是软件。

第二，可充分发挥计算机的能力，有强大的数据处理功能，可以创造出功能更强的仪器。

第三，用户可以根据自己的需要定义和制造各种仪器。

普通的 PC 有一些不可避免的弱点，用它构建的虚拟仪器或计算机测试系统性能不可能太高。目前作为计算机化仪器的一个重要发展方向是制定 VXI 总线标准，这是一种插卡式的仪器。每一种仪器是一个插卡，为了保证仪器的性能，又采用了较多的硬件，但这些卡式仪器本身都没有面板，其面板仍然用虚拟的方式在计算机屏幕上出现。这些卡插入标准的 VXI 总线机箱，再与计算机相连，就组成了一个测试系统。由于 VXI 总线仪器价格昂贵，目前又推出了一种较为便宜的 PXI 总线标准仪器。虚拟仪器研究的另一个问题是各种标准仪器的互连及与计算机的连接。目前使用较多的是 IEEE 488 或 GPIB 协议。未来的仪器也应当是网络化的。

虚拟仪器实际上是一个按照仪器需求组织的数据采集系统。虚拟仪器的研究中涉及的基础理论主要有计算机数据采集和数字信号处理。目前在这一领域内，使用较为广泛的计算机语言是 LabVIEW。

7.3.4 虚拟仪器的发展

目前，虚拟仪器在国内外都已取得很大发展。在国内，重庆大学机械基础及装备制造虚拟仿真实验教学，经过多年的工作，研发出 30 余种（系列）虚拟仪器产品，并提出了以下有关虚拟仪器发展的观点。

1. 仪器产品应具有鲜明的个性

不同类型的产品具有不同的个性是未来产品发展的方向。即使是同类型产品不同的类别，也应有不同的个性。例如目前全世界生产的 FFT 动态信号分析仪，无一例外地都具有时域、频域（频谱）、幅值、传递相干、互谱、相关等分析功能。将这些大功能模块细化后可以多达上百个功能。但是用户真正需要用的功能往往没有这么多，而且不同的用户还要根据自己不同的用途，在这上百种功能中选择不同种类的功能。显然传统硬件仪器固有的封闭性（即一经制造完毕不能按用户的要求改动）无法满足用户的这一要求。虚拟仪器是开放系统，可以满足用户提出的对功能设置、功能增减的任何要求。因此虚拟仪器符合具有个性的这一特点。

2. 仪器产品应具有参与性

参与性主要是指用户可以参与仪器产品的设计、制造、维护等全过程。对于传统硬件化仪器产品，其设计、制造是专家和制造厂的工作，用户虽然可以提出某些意见和要求，但不可能立即实现，而且用户也不可能参与产品的设计与制造。用户能做的事就是使用好已买回去的（绝不可能随意改动的）仪器产品。由虚拟仪器系统结构可知，对于虚拟仪器，用户不仅可以参与、提出意见、提出要求，而且可以自行定义、自行在计算机上进行设计和制造。虚拟仪器是最具参与性特点的产品。

3. 产品应具有快的响应速度

响应速度是相对于技术进步和市场需求而言的。毫无疑问，虚拟仪器作为一种以软件为主体的产品，在跟踪技术进步和市场需要方面、在更新换代和预测维修方面，其响应速度（包括产品生产周期和产品更新换代周期）是软件与硬件的较量，相比传统硬件产品的响应速度，软件产品的响应速度更快。因此，虚拟仪器具有响应速度快的特点。

4. 产品应最大限度实现绿色化

保护环境和节省能源是未来人类共同的任务，制造业必须承担起减少污染、保护环境、节约能源和资源的责任。当仪器设备的制造从硬加工转变为软加工后，其在硬加工中消耗的大量能源和大量原材料（资源），以及在制造、包装、运输、使用过程中产生的污染减少，从而使虚拟仪器成为一类典型的绿色化产品。

5. 虚拟仪器与虚拟现实

随着科学技术的发展，传统的仪器已经不适应快速、复杂的多参数的测试与测量，迫切要求测试、测量技术的不断改进与完善。由于微型计算机技术、超大规模集成电路的飞速发展，仪器的功能和组成也发生了质的改变。计算机处于核心地位，计算机软件技术和测试仪器更紧密结合成一个有机整体，仪器的结构概念和设计观点等都发生了突破性的变化。

虚拟仪器的发展，是与虚拟现实技术的发展紧密联系在一起的，共同面对当今越来越复杂的测试需求。虚拟仪器的不同功能模块可以让用户自由地对仪器进行定义，并且可以组合成为多种不同仪器，这让它在具体使用中具有突破性的功能。因为基于计算机技术，虚拟仪器具有数据共享、使用灵活、携带方便、扩展性强和无缝集成的特点，应用范围日益广泛。

虚拟仪器技术中，软件是关键，而软件在智力资源丰富的条件下可以得到快速发展，这对于我国研究虚拟仪器是利好方面，可以帮助我们缩短与国外的差距。中国测控网认为，随着人类科技的不断发展，以及计算机技术的更新换代，基于 PC 技术的虚拟仪器将对科学技术的发展和国防、工业、农业生产等方面产生不可估量的影响。

虚拟仪器技术是现代电子测量仪器发展的方向，它将继续沿着标准化、模块化、网络化方向发展，并必将在更多、更广的领域得到普及和应用。

7.4　虚拟仪器的总线系统

7.4.1　总线系统的特性

在虚拟仪器中，总线系统是最重要的组成部分。按数据传送方式，总线系统可划分为"位并行"传送和"位串行"传送；按照使用范围划分，则有计算机（包括外设）总线、测控总线和网络通信总线等。但无论哪一类总线，它们的共同功能是通过共用的信号线把计算机或测控系统中的各种设备连成一个整体，以便相互间进行信息的交换。计算机、测控系统等采用总线结构设计后，在系统设计、生产、使用、维护上便产生了如下的一些优越性。

1. 系统设计简单

在计算机和测控系统中，采用总线结构设计，能使系统结构变得简单。根据总体性能，可把系统分为若干功能子系统、功能模块，再利用总线将这些子系统或功能模块联系起来，按一定的规约进行协调工作，这就是现在广泛流行的模块化结构设计方法。按这种方法设计的系统，结构紧凑、明快。比如在微型机中，将 CPU、内存板及接口板等插在总线底板的插槽中，就组成了一个微机系统。如不采用总线结构，在过去有两种设计方法：一种是把系统要实现的功能全部设计在一块大板子上；另一种是把系统要实现的功能分成若干部分，分别设计各个功能，尤其是一些复杂的大系统，设计起来是非常困难的。第二种方法，虽然也是一种模块结构，但模块之间的连接很复杂、烦琐。本来可以公用的电路不能公用，增加了所需的器件和电路。

2. 多家厂商支持

已成为国际、国家标准的总线，或规范公开的总线，无版权私有问题。因此，当各国的厂商认为有市场需要的时候，就可设计、生产符合某种总线要求的功能模块和配套的软件。这有利于促进符合这种总线规范产品的发展，丰富它的内容，提高它的性能。

3. 便于组织生产

具有总线式模块化结构的产品，与系统的联系就是总线规约，因此模块之间有一定的独立性。这就使得组织各专业化生产更容易，使产品的性能和质量得到进一步的提高和保证。同时，由于模板的功能比较单一，调试时仪器设备相对简单，对调试工人的技术水平要求不高，便于组织大规模生产。

4. 便于产品更新换代

现代的电子技术发展迅速，为满足要求，产品需要不断升级换代。模块化结构的产品可及时更换新型器件，提高产品性能，而不必对系统做大的更改，往往只需更换某一块或某几块功能模块甚至个别器件即可跟上需求。

5. 维修方便

总线或模块化设计的产品，一般都有很好的故障诊断软件，很容易诊断出模板级的故障。一旦发现某块模板有问题，立即将其更换，系统就能很快重新投入使用。

6. 经济性好

由于简化了系统设计，便于组织大规模生产，因此能降低产品成本。用于测控系统和自动化制造系统的现场总线，还可以节省大量的现场连接电缆。

另外，由于有许多家厂商生产符合某种总线规约的产品，彼此竞争，使用户有更多的机会选择性价比高的产品。

虚拟仪器作为一种以计算机为支撑的测试仪器，为了达到优化结构、提高性能的目的，势必也要采用总线结构设计的方法。为充分利用这一设计方法的优越性，根据实际情况，从与之关系密切的计算机总线和测控总线中，选择合理的总线，是关键的第一步。因为总线选择的正确与否，将直接关系到虚拟仪器产品的实用性和以后的升级换代等一系列问题。

7.4.2　GPIB 系统

1. 概述

通用接口总线（GPIB）是一种国际通用可编程仪器的数字接口总线，它不仅用于可编程仪器装置之间的互连、仪器与计算机的接口，而且广泛用作微型计算机与外部设备的接口。

GPIB 是一种异步数据传送方式的双向总线。它是由 24 根线（IEC-IB 为 25 根线，多了两根地线）组成的一条无源电缆。设备之间通过这条电缆传送两类信息：一类是为了完成测试任务所需要交换的实质性信息，如设定设备工作条件的程控命令、获得测试结果的测量数据及表明设备工作状况的状态数据等，统称为仪器消息，它直接由接口系统传送，但不为接口系统所使用；另一类，信息统称为接口信息是为了完成上述仪器消息的传递，而使总线上各设备接口处于适当状态的接口系统自身管理的信息。要构成一个有效的测试系统，正确地传送各类信息，需要将具有不同工作方式的各种设备正确地连接到删除总线上。设备的工作方式决定了相互之间信息的流通，系统中的每一个设备都按以下三种方式之一工作。

"听者"，从数据总线上接收信息。在同一时刻可以有两个以上的听者处于工作状态，具有这种功能的设备如微型计算机、打印机、绘图仪等。

"讲者"，向数据总线上发送信息。一个系统可以包括两个以上的讲者，但在每一个时刻只能有一个讲者工作。具有这种功能的设备如微型计算机、磁盘驱动器等。

"控者"，负责整个系统的管理。比如启动系统中的设备，使其进入受控状态；设定某个设备为讲者，某个设备为听者；促使讲者和听者之间的直接通信；处理系统中某些设备的服务请求，对其他设备进行寻址或允许讲者使用总线等。控者通常由微型计算机担任，一个系统可以不止一个控者，但每一时刻只能有一个控者在起作用。

需要指出的是，一种设备可以兼有几种身份。例如在系统中的计算机，可以拥有控者、讲者、听者三种身份。当然，这也并非必须。如打印机只需听者功能，因为它只要完成接收打印信息即可。

确定了系统中每个设备的工作方式，要正确传送信息还得知道信息来自哪里，送到哪里去，也就是设备的识别定位问题。解决这一问题的方法就是给总线上的每个设备都赋予它自己的地址。然后，根据需要可以选择一个讲者和若干个听者就可通信了。

2．GPIB 系统的构成

在某一时刻，某一设备工作于听者状态，则意味着该设备从总线接收数据；若某设备处于讲者状态，则该设备向总线发送数据。控者用寻址其他设备的方法来实现对总线的管理或者批准某一讲者暂时使用总线。连到总线上的设备可以拥有前述三种基本工作方式之一、之二或全部。但是，在任何时刻，都只能有一个总线控者或一个讲者起作用。

3．GPIB 的优缺点

（1）是工业标准（IEEE 488），应用基础广泛。

作为工业标准的 GPIB，得到了广大商家和用户的肯定，众多的仪器厂家设计制造了大批 GPIB 产品，大量研究开发人员和用户为 GPIB 产品的合理使用、性能完善进行深入广泛的研究。良好的市场基础和广泛的技术支持，使它的使用几乎深入测试领域的每一个角落。

（2）数据传输速率较低，难以满足高速数据处理的需要。

GPIB 的最高数据传输速率为 1MB/s，这样的传输速率只能用于数据处理速度要求不高的场合。在进行数字化应用及数字输入输出时、需要进行大量数据的处理，无法满足需要。这一局限性在一定程度上决定了 GPIB 的发展不会有更大的突破。

（3）GPIB 与微机的连接。

对于带 GPIB 接口的仪器，要把它同计算机连接起来，构成一个自动测试系统，需要设计或购买一块专门的 GPIB 接口卡插在 PC 上，之后就可以编程构建自己的系统了。开发 GPIB 虚拟仪器的硬件插卡，则需要设计专门的插件扩展箱，和计算机连接起来。对于使用 NI 公司的 LabVIEW 和 LabWindows 的用户，编程工作会大大减少，因为 NI 公司免费提供大量 GPIB 仪器的源码级驱动程序，节省了用户在编程上的时间成本。对于一般的用户，编程工作还是比较麻烦的。

7.4.3　PCI 总线系统

1．概述

由于微处理器的飞速发展及计算机应用领域的不断拓宽，经常需要在 CPU 和外设之间进行大量的数据传送。在传统的总线结构（ISA、微通道等）下，已不能满足日益增长的高速数据 I/O 传输的需求。尤其是 Windows 之类面向图形用户界面的操作系统，对处理器和显示器外围之间传输数据的速度要求更高。局域网（local area network，LAN）网卡、小型计算机系统接口（small computer system interface，SCSI）卡、全屏视频和动画等也都提出了更高的数据传输要求。虽然高性能微处理器能以 33MHz 以上的时钟频率运行，但在传统总线结构下，因为要等待硬盘、显示卡及其他外设空闲下来才进行处理，因此 16 位的 ISA 总线控制结构已成为制约 386、486 及奔腾机整体性能的重要原因。传统的总线结构往往把高速数据通道预留给 CPU、高速缓冲存储器及内存使用，而各种外设卡到扩充总线控制器的数据通道既慢又窄，严重影响了机器的整体性能。

解决这一问题最有效的办法是在传统总线结构基础上加以局部总线来改进总体性能。

为此，在 20 世纪 90 年代初，由视频电子标准协会（Video Electronics Standards Association，VESA）和英特尔（Intel）分别提出了 VL 总线和 PCI 总线两种先进的局部总线规范。它们都为系统提供了一个高速的数据传输通道，系统的各设备可以直接或间接地连接其上，各设备间通过局部总线可以完成数据的快速传递，从而很好地解决了数据传输的瓶颈问题。

两种局部总线相比，VL 总线针对图形加速，其带宽为 32bit，其数据传输率可达 132MB/s，但因其设计原则是以低价格占领市场，因而本身也存在一些问题：

（1）VL 总线设计简单，无缓冲器，在 CPU 速度高于 33MHz 时，会导致处理延迟，产生等待状态。

（2）每一个 VL 总线只能可靠地控制 3 台设备。

PCI 总线是一种先进的高性能局部总线。它以 33MHz 的时钟频率工作，带宽为 32bit，最高数据传输率可达 132MB/s，比 ISA 总线快 7～8 倍，并且总线时钟频率最高可达 50MHz。PCI 总线有严格的规范来保证高度的可靠性和兼容性，完全兼容 ISA 总线、扩展工业标准结构（extended industry standard architecture，EISA）、媒体访问控制（media access control，MAC）总线；支持多台设备，可以带相对较多负载（多达 10 台）且运行更为可靠；不受制于处理器，为 CPU 和高速外设提供了一条高吞吐量的数据通道，非常适用于网络适配器、磁盘驱动器、视频卡、图形加速卡及各类高速外设；支持即插即用的结构；采用多路复用技术等。这一系列优点更受到了众多厂家的支持，成为市场的主流。它从一开始就作为一种长期的总线标准加以制定，有广阔的发展前景。目前，PC 市场绝大多数的奔腾机都以 PCI 总线为系统总线。当然，PCI 总线毕竟是局部总线，在系统中，仍需辅以 ISA 总线和 EISA 总线的支持。局部总线技术是 PC 体系结构发展史上的重大变革，它使外设与 CPU 和内存之间的数据交换速度得到了质的飞跃。由于局部总线标准的建立和微处理器的飞速发展，PC 和工作站之间的性能差距正在逐渐消失，为多媒体和视频应用的普及提供了物质基础。

2. PCI 总线接口

由于 PCI 总线规范十分复杂，其接口的实现比 ISA 总线、EISA 总线的技术难度大，其原因主要有以下几点。

（1）各种晶体管-晶体管逻辑（transistor-transistor logic，TTL）器件和互补金属氧化物半导体（complementary metal oxide semiconductor，CMOS）逻辑器件、可编程逻辑器件（programmable logic device，PLD）等通常只有输出特性的直流指示，而实现 PCI 总线接口时，则必须选用输入输出的交流开关特性与 PCI 总线规范相符的器件。

（2）PCI 总线是一种同步总线，绝大多数包含在高性能数据和控制路径中的逻辑都需要一个 PCI 系统时钟的拷贝，这一点与 PCI 苛刻的负载要求相矛盾。另外，在完成某些功能，如 32 位突发传送时，往往需要很多的时钟负载，而时钟上升沿到输出有效的时间必须小于 11ns，这进一步加重了时钟扇出问题。

（3）实现 PCI 总线规定功能需要大量的逻辑。完成逻辑校验、地址译码，实现配置所需的各类寄存器等 PCI 总线的基本要求，大致需要 10000 门逻辑。此外，往往还要加上诸如先进先出（first in first out，FIFO），用户寄存器，后端设备接口等。

实现 PCI 总线接口的有效方案有两种：专用接口芯片和 PLD。专用接口芯片放置于系统或插卡特定功能与 PCI 总线之间，提供传递数据和控制信号的接口电路。这是一种能解决设计难点的有效方法。但前提是这种芯片必须具有通用性和较低的成本，而不只限于插卡一侧的特定处理器总线；能够优化数据传输；提供配置空间；具备片内 FIFO 功能（用于突发性传输）等。目前，只有少数厂家提供这类芯片，如微电路应用公司（Applied Micro Circuits Corporation，AMCC）开发的主/从控制接口芯片 S5930-33。

实现 PCI 总线接口控制的另一个行之有效的方案是采用 PLD。其特点是不受所需实现的插卡功能限制，设计灵活，开发周期短，易于维护。目前，Altera（阿尔特拉）提供复杂可编程逻辑器件（complex programming logic device，CPLD）FLEX800 系列，Xilinx（赛灵思）提供现场可编程门阵列（field programmable gate array，FPGA）器件 XC3100A 系列，两者的电气特性均与 PCI 总线规范完全一致，可以应用于各类 PCI 总线接口设计。

3. PCI 总线的电气特性

PCI 总线同时定义了 3.3V 和 5V 两种信号环境。相应定义了 2 种微通道型插槽和 3 种插卡。如图 7-2 所示。由于定位标志的存在，5V 插卡只能插到 5V 插槽中，3.3V 插卡只能插到 3.3V 插槽中，只有通用插卡才能插到任意插槽中。PCI 总线对负载要求十分严格。粗略估计，总线上允许 10 个电气负载，直接的硅连接作为一个负载，插卡作为 2 个电气负载。PC 上单一的 PCI 总线通常只允许 3 个插卡。另外，1 个边缘连接插脚只允许连到一个元件引脚上，并且其负载不能超过 10pF。任何超出以上限制的设计都需要一个 PCI-to-PCI 桥保证系统一致可靠。PCI 总线推荐使用表面安装工艺，以减小总线负载。

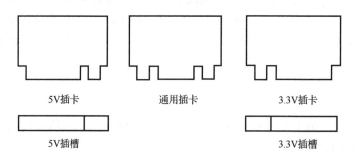

图 7-2 PCI 总线插卡和插槽

PCI 总线采用无端接方式，信号传输通过反射波实现。当一总线驱动器驱动某一信号时，往往只将信号电平驱动到实际所需电平的一半，信号传输至终点后完全反射回来，从而使信号电平加倍，达到所需驱动电平。当总线工作于 33MHz 时，信号往返时间不得超过 10ns。这种信号传输法要求驱动器的输出阻抗与被驱动总线的特性阻抗大致相等。因此，PCI 总线指定了设备 I/O 驱动所必需的电压电流特性，特别是在电平转换瞬间的交流特性。

PCI 总线对信号时序也作了详细的规定。例如，当工作于最高频率 33MHz 时，要求总线上设备信号的建立时间小于 7ns，输出信号满足时钟上升沿至输出有效时间小于 11ns 等。

4. PCI 总线的综合特点

PCI 总线作为一种优良的总线标准，与 ISA、EISA、VL 等总线相比有着显著的特点，表现在以下几点。

（1）独立于 CPU 的结构设计。

PCI 总线采用独立于 CPU 的设计结构，具有一种独特的中间缓冲器，将 CPU 子系统与外设分开。据此，用户可随意增加设备而不必担心会降低整机性能及可靠性。同时，这种设计也可确保 CPU 的不断更新换代，不会使其他个别系统的设计变得过时。PCI 局部总线与 Intel 处理器全线兼容，包括奔腾、OverDrive 及 686 处理器。

（2）支持线性突发传输。

PCI 总线支持线性突发传输数据模式，确保总线不断满载数据。线性突发传输能更有效地运用总线带宽传输数据，减少无谓的地址作业，该功能对高性能处理器尤为重要。

（3）支持总线主控及同步操作。

总线主控是一般总线都具有的功能，可以让任意具有处理效能的外部设备暂时接管总线，以加速执行高吞吐量、高优先级的任务。PCI 总线独特的同步操作可确保微处理器能与这些总线主控同时工作，而不必等待总线主控操作的完成。

（4）兼容性好。

PCI 总线可与 ISA、EISA、VL 总线兼容。由于 PCI 插卡的元件放置与一般 ISA 插卡正好相反，这就可以使一个 PCI 插卡和一个 ISA 插卡共用一个位置。由于 PCI 指标与 CPU 及时钟无关，从理论上讲，PCI 插卡是通用的，可插到任何一个有 PCI 总线的系统上去。不过，实际上因卡上基本输入输出系统（basic input output system，BIOS）本身与 CPU 及操作系统有关，不一定做得那么通用，但至少对同一类型 CPU 的系统，一般能够通用。在这一方面，相比 VL 总线 PCI 总线有了很大的进步。

（5）支持自动配置。

ISA 插卡往往需要设置开关和跳线，不方便使用。PCI 总线规范保证了 PCI 插卡可以自动进行配置。PCI 总线定义了 3 种地址空间，即存储器空间、输入/输出空间和配置空间，PCI 总线定义配置空间的目的在于提供一种配置关联，从而使所有与 PCI 总线兼容的设备实现真正的即插即用。在每个 PCI 总线设备中都有 256B 的配置空间用来存放自动配置信息，一旦 PCI 插卡插入系统，系统 BIOS 将能根据读到的有关该卡的信息，结合系统的实际情况为插卡分配存储地址、端口地址、中断和某些定时信息，从根本上免除了人工操作。

（6）支持共享中断。

PCI 总线是采用低电平有效方式，多个中断可以共享一条中断线，而 ISA 总线是边沿触发方式，且不能共享。

（7）扩展性好。

如果需要把许多设备接到 PCI 总线上，而总线驱动能力不足时，可以采用多级 PCI 总线。这些总线都可以并发工作，每个总线上都可以接挂若干设备。因此，PCI 总线结构的扩展性是非常好的。

（8）规范严格。

PCI 总线对协议、时序、负载、电性能和机械性能指标等都有严格的规定，这正是其他总线不及的地方，这也保证了它的可靠性和兼容性。当然，由于 PCI 总线规定十分复杂，其接口的实现较 ISA 总线、EISA 总线有着较高的技术难度。

（9）成本低。

PCI 总线采用电气/驱动总负载与供专门应用的集成电路（application specific integrated circuit，ASIC）标准工艺和其他电气工艺流程；采用多路转换，使引脚数减少；部件尺寸小，可尽可能使更多的功能装入指定尺寸的部件中。上述措施大大降低了成本。

PCI 总线是一种用于 PC 的典型总线系统，由于 PC 具有极广的用户，因此尽管 PCI 总线有若干缺点，但仍然是应用最广泛的总线系统。

7.5 LabVIEW 测试软件

LabVIEW 是一种程序开发环境，它广泛地被工业界、学术界和研究实验室所接受，被视为一个标准的数据采集和仪器控制软件。LabVIEW 类似于 C 和 BASIC 开发环境，但是 LabVIEW 与其他计算机语言的显著区别是：其他计算机语言都是采用基于文本的语言产生代码，而 LabVIEW 使用的是图形化编辑语言 G 编写程序，产生的程序是框图的形式。图形化的程序语言，又称为"G"语言。使用这种语言编程时，基本上不写程序代码，取而代之的是流程图。它尽可能利用了技术人员、科学家、工程师所熟悉的术语、图标和概念，因此，LabVIEW 是一个面向最终用户的工具。它可以增强用户构建科学和工程系统的能力，提供实现仪器编程和数据采集系统的便捷途径。使用它进行原理研究、设计、测试并实现仪器系统时，可以大大提高工作效率。LabVIEW 软件是 NI 公司设计平台的核心，也是开发测量或控制系统的理想选择。LabVIEW 开发环境集成了工程师和科学家快速构建各种应用所需的所有工具，旨在帮助工程师和科学家解决问题、提高生产力和不断创新。

LabVIEW 集成了 GPIB、VXI、RS-232 和 RS-485 协议的硬件及数据采集卡通信的全部功能，且内置了便于应用 TCP/IP、ActiveX 等软件标准的库函数，是一个功能强大且灵活的软件。利用它可以方便地建立自己的虚拟仪器，其图形化的界面使得编程及使用过程都生动有趣。

利用 LabVIEW，可产生独立运行的可执行文件，它是一个真正的 32 位/64 位编译器。像许多重要的软件一样，LabVIEW 提供了 Windows、UNIX、Linux、Macintosh 等多种版本。使用 LabVIEW 开发平台编制的程序称为虚拟仪器程序。

7.5.1 LabVIEW 应用程序的构成

LabVIEW 的强大功能归因于它的层次化结构，用户可以把创建的 VI 程序当作子程序调用，以创建更复杂的程序，而这种调用的层次是没有限制的。一个 LabVIEW 程序由一个或多个虚拟仪器程序组成。之所以称为虚拟仪器是因为它们的外观和操作通常是模拟了实际的物理仪器。从现在开始，我们将 LabVIEW 的程序称为 "VI"，无论其外观和功能是否和实际的仪器相关联，都称为 "VI"。每个 VI 都由三个部分构成：前面板（front panel）、框图（block diagram）和图标/连接器（icon/connector）。

程序前面板用于设置输入数值和观察输出量，用于模拟真实仪表的前面板。在程序前面板上，输入量被称为控制（controls），输出量被称为显示（indicators）。控制和显示是以各种图标形式出现在前面板上，如旋钮、开关、按钮、图表、图形等，这使得前面板直观易懂。如图 7-3 所示是一个随机数发生和显示的简单 VI 的前面板，上面有一个显示对象，以曲线的方式显示了所产生的一系列随机数，还有一个控制对象——开关，可以启动和停止工作。显然，并非简单地画两个控件就可以运行，在前面板后还有一个与之配套的流程图（图 7-4）。

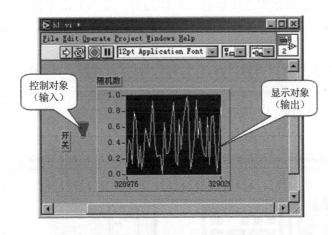

图 7-3 随机数发生器的前面板

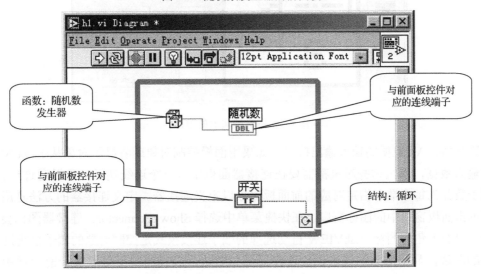

图 7-4 随机数发生器的流程图

流程图提供 VI 的图形化源程序。在流程图中对 VI 编程，以控制和操纵定义在前面板上的输入和输出功能。流程图中包括前面板上控件的连线端子，还有一些前面板上没有，但编程必须有的东西，例如函数、结构和连线等。图 7-4 是与图 7-3 对应的流程图。可以看到流程图中包括了前面板上的开关和随机数显示器的连线端子，还有一个随机数发生器的函数及程序的循环结构。随机数发生器通过连线将产生的随机信号送到显示控件，为了使它持续工作下去，设置了一个 While 循环，由开关控制这一循环的结束。

如果将 VI 与标准仪器相比较，那么前面板上的东西就是仪器面板上的东西，而流程图上的东西相当于仪器箱内的东西。在许多情况下，使用 VI 可以仿真标准仪器，不仅在屏幕上出现一个惟妙惟肖的标准仪器面板，而且其功能也与标准仪器相差无几。

VI 具有层次化和结构化的特征。一个 VI 可以作为子程序，这里称为子 VI（SubVI），被其他 VI 调用。SubVI 相当于普通编程语言中的子程序，也就是被其他的 VI 调用的 VI。可以将任何一个定义了图标和连接器的 VI 作为另一个 VI 的子程序。在流程图中打开 Functions»Select a VI....，就可以选择要调用的子 VI。构造一个子 VI 的主要工作就是定义它的图标和连接器。

每个 VI 在前面板和流程图窗口的右上角都显示了一个默认的图标。启动图标编辑器的方法是用鼠标右键单击面板窗口右上角的默认图标，在弹出菜单中选择 Edit Icon，打开如图 7-5 所示图标编辑器的窗口。可以用窗口左边的各种工具设计像素编辑区中的图标形状，在编辑区右侧的一个方框中显示一个实际大小的图标。

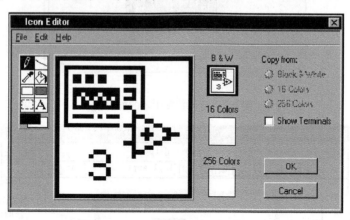

图 7-5　图标编辑器的窗口

连接器是 VI 数据的输入输出接口。如果用面板控制对象或者显示对象从子 VI 中输出或者输入数据，那么这些对象都需要在连接器面板中有一个连线端子。可以通过选择 VI 的端子数并为每个端子指定对应的前面板对象以定义连接器。定义连接器的方法是用鼠标右键单击面板窗口中的图标窗口，在快捷菜单中选择 Show Connector。连接器图标会取代面板窗口右上角的图标。LabVIEW 自动选择的端子连接模式是控制对象的端子位于连接器窗口的左边，显示对象的端子位于连接器窗口右边。选择的端子数取决于前面板中控制对象和显示对象的个数。连接器中的各个矩形表示各个端子所在的区域，可以用它们从

VI 中输入或者输出数据。如果必要，也可以选择另外一种端子连接模式。方法是在图标上单击鼠标右键弹出快捷菜单，选择 Show Connector，再次弹出快捷菜单，选择 Patterns。

以创建一个温度计程序为例加以说明。图 7-6 是一个温度计程序（thermometer VI）的前面板。

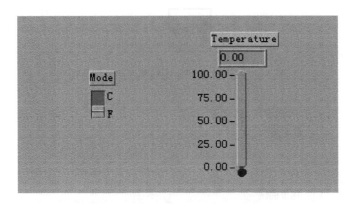

图 7-6　温度计程序的前面板示意图

每一个程序前面板都对应着一段框图程序。框图程序用 LabVIEW 图形编程语言编写，可以把它理解成传统程序的源代码。框图程序由端口、节点、图框和连线构成。其中端口被用来向程序前面板的控制和显示传递数据，节点被用来实现函数和功能调用，图框被用来实现结构化程序控制命令，而连线代表程序执行过程中的数据流，定义了框图内的数据流动方向。上述温度计程序（thermometer VI）的框图程序如图 7-7 所示。

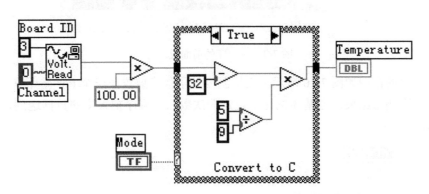

图 7-7　温度计程序（thermometer VI）的框图程序

图标/连接器是子 VI 被其他 VI 调用的接口，也是子 VI 在其他程序框图中被调用的节点表现形式。连接器则表示节点数据的输入/输出端口，就像函数的参数。连接器一般情况下隐含不显示，除非用户选择打开观察它。用户必须指定连接器端口与前面板的控制和显示一一对应。图 7-8 为温度计程序（thermometer VI）的图标和连接器。

如把前面创建的温度计程序（thermometer VI）作为一个子程序用在当前新建程序里，当前程序的前面板如图 7-9 所示。先前的温度计子程序用于采集数据，而当前的程序用于显示温度曲线，并在前面板上设定测量次数和每次测量间隔的延时。

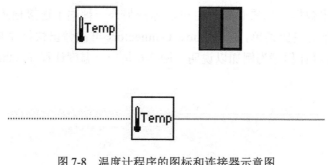

图 7-8　温度计程序的图标和连接器示意图

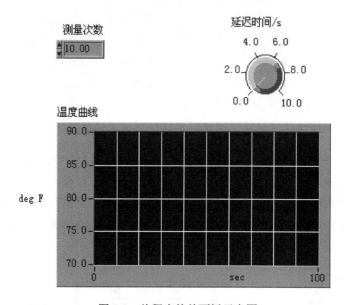

图 7-9　总程序的前面板示意图

当前程序的框图如图 7-10 所示。它把温度计子程序放置在一个 For 循环里，每次循环过程采集一次测量结果，当循环执行了设定的次数后，程序把采集的数据送到前面板的图表上显示。

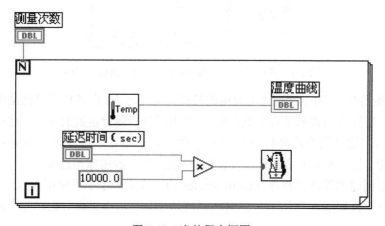

图 7-10　当前程序框图

LabVIEW 这种创建和调用子程序的方法，使创建的程序结构模块化，更易于调试、理解和维护。

7.5.2　LabVIEW 设计实例

下面通过例子来说明如何创建一个 VI。

例 7-1　建立一个测量温度和容积的 VI，其中须调用一个仿真测量温度和容积的传感器子 VI。步骤如下：

（1）选择 File»New，打开一个新的前面板窗口。

（2）从 Controls»Numeric 中选择 Tank 放到前面板中。

（3）在标签文本框中输入"容积"，然后在前面板中的其他任何位置单击一下。

（4）把容器显示对象的显示范围设置为 0.0～1000.0。

① 使用文本编辑工具（Text Edit Tool），双击容器坐标的 10.0 标度，使它高亮显示。

② 在坐标中输入 1000，再在前面板中的其他任何地方单击一下。这时 0.0～1000.0 之间的增量将被自动显示。

（5）在容器旁配数据显示。

（6）将鼠标移到容器上，点右键，在出现的快速菜单中选 Visible Iterms»Digital Display 即可。从 Controls»Numeric 中选择一个温度计，将它放到前面板中。设置其标签为"温度"，显示范围为 0～100，同时配数字显示。可得到如图 7-11 所示的前面板图。

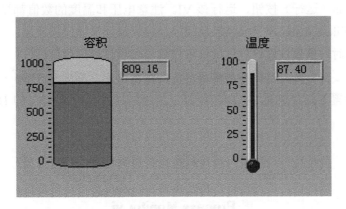

图 7-11　例 7-1 前面板示意图

（7）Windows»Show Diagram 打开流程图窗口。从功能模板中选择对象，将它们放到流程图上组成图 7-12。

该流程图中新增的对象有两个乘法器、两个数值常数、一个随机数发生器、一个进程监视器，温度和容积对象是由前面板的设置自动带出来的。

① 乘法器和随机数发生器由 Functions»Numeric 中拖出，尽管数值常数也可以这样得到，但是建议使用（8）中的方法更好些。

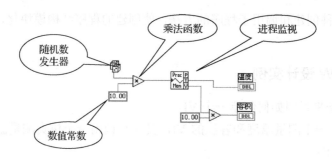

图 7-12　例 7-1 的流程图

② 进程监视器（process monitor）不是一个函数，而是以子 VI 的方式提供的，它放在 LabVIEW\Activity 目录中，调用它的方法是在 Functions»Select a VI 下打开 Process Monitor，然后在流程图上点击一下，就可以出现它的图标。

注意：LabVIEW 目录一般在 Program Files\National Instruments\ 目录下。

（8）用连线工具 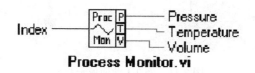将各对象按规定连接。上步骤①中的遗留问题是如何用另一种方法创建数值常数对象。具体方法是：用连线工具在某个功能函数或 VI 的连线端子上单击鼠标右键，再从弹出的菜单中选择 Create Constant，就可以创建一个具有正确的数据格式的数值常数对象。

（9）选择 File»Save，把该 VI 保存为 LabVIEW\Activity 目录中的 Temp & Vol.vi。在前面板中，单击 Run（运行）按钮，运行该 VI。注意电压和温度的数值都显示在前面板中。

（10）选择 File»Close，关闭该 VI。

在进行设计时，需要注意：

首先，如果要查看某个功能函数或者 VI 的输入输出，需要从 Help 菜单中选择 Show Help，再把光标置于这个功能函数或者 VI 上。例如进程监视器 VI 的 Help 窗口显示如图 7-13 所示。

Index ── Proc Mon P T V ── Pressure / Temperature / Volume

Process Monitor.vi

图 7-13　监视窗口示意图

其次，介绍显示对象（indicator）、控制对象（control）和数值常数对象。其中显示对象和控制对象都是前面板上的控件，前者有输入端子而无输出端子，后者正好相反，它们分别相当于普通编程语言中的输出参数和输入参数。数值常数对象可以看成是控制对象的一个特例。

在前面板中创建新的控制对象或显示对象时，LabVIEW 都会在流程图中创建对应的端子，端子的符号反映该对象的数据类型。例如，DBL 符号表示对象数据类型是双精确度数；TF 符号表示布尔数；I16 符号表示 16 位整型数；ABC 符号表示对象数据类型是字符串。一个对象应当是显示对象还是控制对象必须弄清楚，否则无法正确连线。有时它们的图标是相似或相同的，可以根据实际应用明确表示出它是显示对象还是控制对象。方法是将鼠标移到图标上，然后点右键，可出现快速菜单如图 7-14 所示。如果菜单中的第一项是 Change to Control，说明这是一个显示对象，可以根据需要将其变为控制对象。如果菜单中的第一项是 Change to Indicator，说明这是一个控制对象，也可以根据需要将其变为显示对象。控制对象和显示对象都不能在流程图中删除，只能从前面板上删除。

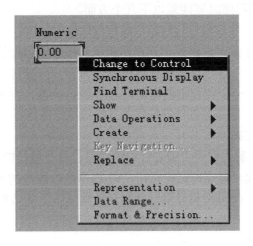

图 7-14 快速菜单示意图

最后要注意连线问题，它是程序设计中较为复杂的问题。流程图上的每一个对象都带有自己的连线端子，连线将构成对象之间的数据通道。因为这不是几何意义上的连线，因此并非任意两个端子间都可连线，连线类似于普通程序中的变量。数据单向流动，从源端口向一个或多个目的端口流动。不同的线型代表不同的数据类型。图 7-15 给出了一些常用数据类型所对应的线型和颜色。

类型	颜色	标量	一维数组	二维数组
整形数	蓝色			
浮点数	橙色			
逻辑量	绿色			
字符串	粉色			
文件路径	青色			

图 7-15 连线示意图

当需要连接两个端点时，在第一个端点上点击连线工具（从工具模板栏调用），然后移动到另一个端点，再点击第二个端点。端点的先后次序不影响数据流动的方向。当把连线工具放在端点上时，该端点区域将会闪烁，表示连线将会接通该端点。当把连线工具从一个端口接到另一个端口时，不需要按住鼠标键。当需要连线转弯时，点击一次鼠标键，即可以正交垂直方向地弯曲连线，按空格键可以改变转角的方向。接线头是为了帮助正确连接端口。当把连线工具放到端口上，接线头就会弹出。接线头还有一个黄色小标识框，显示该端口的名字。线型为虚线的连线表示坏线。出现坏线的原因有很多，例如，连接了两个控制对象，源端子和终点端子的数据类型不匹配（例如一个是数字型，而另一个是布尔型）。可以通过使用定位工具点击坏线，再按下 Delete 来删除它。选择 Edit»Remove Bad Wires 或者按下 Ctrl+B 可以一次删除流程图中的所有坏线。

7.5.3　LabVIEW 程序调试技术

利用 LabVIEW 调试程序时要注意以下几个方面。

（1）找出语法错误。

如果一个 VI 程序存在语法错误，则在面板工具条上的运行按钮会变成一个折断的箭头，表示程序不能被执行。这时该按钮被称作错误列表。点击它，则 LabVIEW 弹出错误清单窗口，点击其中任何一个所列出的错误，选用 Find 功能，则出错的对象或端口就会变成高亮。

（2）设置执行程序高亮。

在 LabVIEW 的工具条上有一个画着灯泡的按钮，这个按钮叫作"高亮执行"。点击这个按钮使它变成高亮形式。再点击运行按钮，VI 程序就以较慢的速度运行，没有被执行的代码灰色显示，执行后的代码高亮显示，并显示数据流线上的数据值，从而可根据数据的流动状态跟踪程序的执行。

（3）断点与单步执行。

为了查找程序中的逻辑错误，有时希望流程图程序一个节点一个节点地执行。使用断点工具可以在程序的某一地点中止程序执行，用探针或者单步方式查看数据。使用断点工具时，点击希望设置或者清除断点的地方，断点的显示对于节点或者图框表示为红框，对于连线表示为红点。当 VI 程序运行到断点被设置处，程序被暂停在将要执行的节点，以闪烁表示。按下单步执行按钮，闪烁的节点被执行，下一个将要执行的节点变为闪烁，指示它将被执行。也可以点击暂停按钮，这样程序将连续执行直到下一个断点。

（4）探针。

可用探针工具来查看流程图程序流经某一根连接线时的数据值。从 Tools 工具模板选择探针工具，再用鼠标左键点击希望放置探针的连接线，这时显示器上会出现一个探针显示窗口。该窗口总是被显示在前面板窗口或流程图窗口的上面。在流程图中使用选择工具或连线工具，在连线上点击鼠标右键，在连线的弹出式菜单中选择"探针"命令，同样可以为该连线加上一个探针。

小　　结

本章概述了现代测试技术的新方法、新技术及发展前景，进而介绍了计算机辅助测试方法及虚拟仪器技术。最后，对现代测试技术中常用的软件 LabVIEW 软件进行了阐述，并以实际应用案例为例，详细介绍了软件的应用及调试。

复习思考题

1．简述什么是现代测试系统。

2．计算机辅助测试都有哪些应用，举出一个实例。

3．什么是虚拟仪器？虚拟仪器与传统的仪器相比有何优点？

4．简述利用 LabVIEW 软件设计温度计实例的过程。

5．创建一个 VI 程序模拟温度测量，假设传感器输出电压与温度成正比，即当温度为 70°F 时，传感器输出电压为 0.7V。本程序也可以用摄氏温度来代替华氏温度显示。

参 考 文 献

狄长安. 2010. 工程测试与信息处理. 2 版. 北京: 国防工业出版社.

费业泰. 2000. 误差理论与数据处理. 北京: 机械工业出版社.

费业泰. 2017. 误差理论与数据处理. 7 版. 北京: 机械工业出版社.

高成. 2015. 传感器与检测技术. 北京: 机械工业出版社.

郭之璜. 1993. 机械工程中的噪声测试与控制. 北京: 机械工业出版社.

何贡. 1992. 互换性与测量技术. 天津: 天津科学技术出版社.

黄长艺, 卢文祥, 熊诗波. 2000. 机械工程测量与试验技术. 北京: 机械工业出版社.

李瑜芳. 2015. 传感技术. 成都: 电子科技大学出版社.

梁德沛, 李宝丽. 1995. 机械工程参量的动态测试技术. 北京: 机械工业出版社.

梁森. 2016. 检测与转换技术. 北京: 机械工业出版社.

刘传玺. 2014. 传感与检测技术. 北京: 机械工业出版社.

刘培基, 王安敏. 2007. 机械工程测试技术. 北京: 机械工业出版社.

马修水. 2012. 传感器与检测技术. 2 版. 杭州: 浙江大学出版社.

秦树人, 张明洪, 余愚. 2006. 机械测试系统原理与应用. 北京: 科学出版社.

王伯雄, 王雪, 陈非凡. 2006. 工程测试技术. 北京: 清华大学出版社.

王恒. 2016. 传感器与测试技术. 西安: 西安电子科技大学出版社.

熊诗波. 2017. 机械工程测试技术基础. 3 版. 北京: 机械工业出版社.

严普强, 黄长艺. 1990. 机械工程测试技术基础. 北京: 机械工业出版社.

杨仁逊, 黄惟公, 杨明伦. 2002. 机械工程测试技术. 重庆: 重庆大学出版社.

俞云强. 2013. 传感器与检测技术. 北京: 高等教育出版社.

虞和济, 韩庆大, 李沈. 2001. 设备故障诊断工程. 北京: 冶金工业出版社.

张贤达, 保铮. 1998. 非平稳信号分析与处理. 北京: 国防工业出版社.

张重雄. 2010. 现代测试技术与系统. 北京: 电子工业出版社.

张重雄, 张思维. 2018. 虚拟仪器技术分析与设计. 3 版. 北京: 电子工业出版社.

郑方, 徐明星. 2003. 信号处理原理. 北京: 清华大学出版社.

周杏鹏. 2010. 传感器与检测技术. 北京: 清华大学出版社.